液压气动系统运行与维修

主 编 李 琴 赵小飞

北京理工大学出版社
BEIJING INSTITUTE OF TECHNOLOGY PRESS

内 容 简 介

本教材分为液压传动和气压传动两部分，共六个项目，主要包括液压系统认知、外圆磨床液压系统运行与维修、液压机液压系统运行与维修、注塑机液压系统运行与维修、液压系统的设计与计算、气动系统运行与维修等内容。

本教材可作为高等院校、高职高专院校机电一体化、机械设计与制造、数控技术、模具设计与制造等专业的教学用书，也可作为职工大学、函授学院、成人教育学院等大专层次的机电类、机械类等相关专业的教学用书，同时还可作为工程技术人员的参考用书。

图书在版编目（CIP）数据

液压气动系统运行与维修 / 李琴，赵小飞主编.

北京：北京理工大学出版社，2024. 6.

ISBN 978 - 7 - 5763 - 4200 - 0

Ⅰ. TH137；TH138

中国国家版本馆 CIP 数据核字第 20243XB405 号

责任编辑：高雪梅　　　　文案编辑：张　瑾
责任校对：周瑞红　　　　责任印制：李志强

出版发行 / 北京理工大学出版社有限责任公司
社　　址 / 北京市丰台区四合庄路 6 号
邮　　编 / 100070
电　　话 / (010) 68914026（教材售后服务热线）
　　　　　　 (010) 68944437（课件资源服务热线）
网　　址 / http://www.bitpress.com.cn

版 印 次 / 2024 年 6 月第 1 版第 1 次印刷
印　　刷 / 唐山富达印务有限公司
开　　本 / 787 mm × 1092 mm　1/16
印　　张 / 14.75
字　　数 / 318 千字
定　　价 / 78.80 元

前　言

本教材贯彻落实党的二十大精神，为适应高等职业技术教育发展的需要，结合职业教育的特点和职业教育改革的经验，在广泛吸取同类教材优点的基础上，本着"淡化理论、够用为度、培养技能、重在应用"的原则精心组织编写而成。

本教材的特点是强调知识的应用与能力的培养，在内容的选取和安排上，注重理论与生产实际相结合，处理好理论与实际的关系，体现高等职业教育的特色。在内容组织上将液压控制阀与其相应的控制回路整合在同一个项目中，有助于高职教学改革中项目化教学的实施。本教材力求语言简练、条理清晰、深入浅出。

本教材教学参考学时为 60 学时，考虑到不同专业的需要，在教材中编入了较多的液压与气动典型系统的工业应用实例，在教学过程中，可按专业方向有侧重地进行选择。在本教材编写过程中，项目一、项目二、项目四、项目五及项目三中任务四、任务五由李琴、赵小飞编写，项目三中任务一～任务三由赵小飞编写，项目六由李琴、张方东编写。本教材在编写时得到了山西机电职业技术学院领导、相关教师的大力帮助和支持，同时参考了大量文献，在此谨向有关人员表示衷心的感谢。

由于编者水平有限，本教材难免存在缺点和错误，敬请广大读者批评指正。

编者

目　　录

项目一　液压系统认知

液压（气压）传动是指以液体（压缩气体）为工作介质进行能量传递和控制的传动方式。液压传动技术已经广泛应用于许多领域，如液压系统塑料加工机械（注塑机）、压力机械（锻压机）、重型机械（废钢压块机）、机床（全自动六角车床、平面磨床），行走机械用液压系统工程机械（挖掘机）、起重机械（汽车起重机）、建筑机械（打桩机）、农业机械（联合收割机）、汽车（转向器、减振器），钢铁工业用液压系统冶金机械（轧钢机）、提升装置（升降机），土木工程用液压系统防洪闸门及堤坝装置（浪潮防护挡板）、河床升降装置、桥梁操纵机构和矿山机械（凿岩机）等。

学习目标

1. 知识目标

（1）掌握液压传动的定义及工作原理。
（2）掌握液压传动的组成。
（3）了解液压传动的应用。
（4）了解液压传动的优缺点。

2. 技能目标

（1）能够分析液压系统的工作原理。
（2）能够认识液压系统的组成。

3. 素质目标

（1）具有国家标准、行业标准意识。
（2）具有精益求精的精神。

知识储备

一、液压传动的工作原理

液压传动的工作原理，可以用液压千斤顶的工作原理来说明。

图 1-1 是液压千斤顶的工作原理图。大油缸 9 和大活塞 8 组成举升液压缸。杠杆手柄 1、小油缸 2、小活塞 3、单向阀 4 和 7 组成手动液压泵。提起手柄使小活塞向上移动，小活塞下腔容积增大，形成局

液压系统认知
微课

部真空，这时单向阀 4 打开，通过吸油管 5 从油箱 12 中吸油；用力压下手柄，小活塞下移，小活塞下腔压力升高，单向阀 4 关闭，单向阀 7 打开，下腔的油液经管道 6 输入大油缸的下腔，迫使大活塞向上移动，顶起重物。再次提起手柄吸油时，单向阀 7 自动关闭，使油液不能倒流，从而保证了重物不会自行下落。不断地往复扳动手柄，就能不断地把油液压入举升液压缸下腔，使重物逐渐地升起。如果打开截止阀 11，则举升液压缸下腔的油液通过管道 10、截止阀 11 流回油箱，重物向下移动。

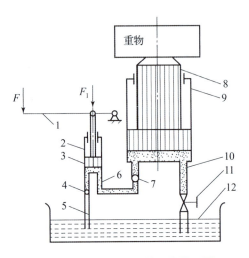

图 1－1　液压千斤顶的工作原理图

1—杠杆手柄；2—小油缸；3—小活塞；4、7—单向阀；5—吸油管；6、10—管道；
8—大活塞；9—大油缸；11—截止阀；12—油箱

通过分析液压千斤顶的工作过程，可以初步了解液压传动的基本工作原理。液压传动是不同能量相互转换的过程。压下杠杆，小油缸输出液压油，是将机械能转换成油液的压力能（势能）；液压油经过管道 6 及单向阀 7，推动大活塞举起重物，是将油液的压力能（势能）又转换成机械能。大活塞举升的速度取决于单位时间内流入大油缸中的油液体积。

二、液压系统的组成

液压千斤顶是一种简单的液压传动装置。下面分析一种复杂的液压传动装置——机床工作台液压系统。如图 1－2 所示，机床工作台液压系统由油箱 19、滤油器 18、液压泵 17、溢流阀 13、开停阀 10、节流阀 7、换向阀 5、液压缸 2 及连接这些元件的油管、接头等组成。

机床工作台液压系统的工作原理如下。液压泵由电动机驱动后，从油箱中吸油。油液经滤油器进入液压泵，在图 1－2（a）所示状态下，油液在泵腔中从入口（低压）到出口（高压），通过开停阀、节流阀、换向阀进入液压缸左腔，推动活塞 3 使工作台 1 向右移动。这时，液压缸右腔的油液经换向阀和回油管 6 流回油箱。

如果将换向手柄 4 转换成图 1－2（b）所示状态，则压力管 11 中的油液将经过开停阀、节流阀和换向阀进入液压缸右腔，推动活塞使工作台向左移动，并使液压缸左腔的油液经换向阀和回油管 6 流回油箱。

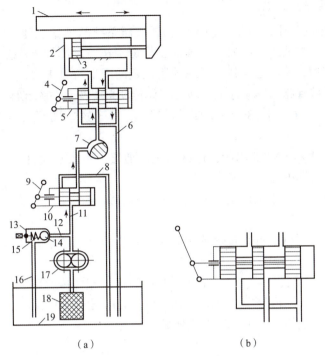

图 1-2 机床工作台液压系统的工作原理图

1—工作台；2—液压缸；3—活塞；4—换向手柄；5—换向阀；6，8，16—回油管；7—节流阀；
9—开停手柄；10—开停阀；11—压力管；12—压力支管；13—溢流阀；14—钢球；
15—弹簧；17—液压泵；18—滤油器；19—油箱

工作台的移动速度是通过节流阀来调节的。当节流阀开大时，进入液压缸的油量增多，工作台的移动速度增大；当节流阀关小时，进入液压缸的油量减少，工作台的移动速度减小。为了克服移动工作台时所受到的各种阻力，液压缸必须产生足够大的推力，这个推力是由液压缸中的油液压力所产生的。要克服的阻力越大，液压缸中的油液压力越高；反之，液压缸中的油液压力就越低。这种现象说明了液压传动的一个基本原理——压力决定于负载。从机床工作台液压系统的工作过程可以看出，一个完整的、能够正常工作的液压系统，应该由以下五个主要部分组成。

（1）能源装置，是供给液压系统液压油，把机械能转换成液压能的装置。最常见的形式是液压泵。

（2）执行装置，又称执行元件，是把液压能转换成机械能的装置。其形式有做直线运动的液压缸，也有做回转运动的液压马达①。

（3）控制调节装置，是对系统中的压力、油液流量或油液流动方向进行控制或调节的装置，如溢流阀、节流阀、换向阀、开停阀等。

（4）辅助装置，除上述三部分之外的其他装置，如油箱、滤油器、油管等。它们对保证系统正常工作来说是必不可少的。

（5）工作介质，是传递能量的流体，如液压油等。

---

① 马达即电动机。

三、液压系统图的图形符号

图 1-2 所示的液压系统是一种半结构式液压系统的工作原理图，它有直观性强、容易理解的优点，当液压系统发生故障时，根据工作原理图检查十分方便，但图形比较复杂，绘制麻烦。我国已经制定了一种用规定的图形符号来表示液压系统工作原理图中各元件和连接管路的国家标准，即《流体传动系统及元件图形符号和回路图　第 1 部分：图形符号》（GB/T 786.1—2021）。其中，对于这些图形符号有以下几条基本规定。

（1）符号只表示元件的职能，连接系统的通路，不表示元件的具体结构和参数，也不表示元件在机器中的实际安装位置。

（2）元件符号内的油液流动方向用箭头表示，线段两端都有箭头的，表示流动方向可逆。

（3）符号均以元件的静止位置或中间零位置表示，当系统的动作另有说明时，可作例外。

如图 1-3 所示为图 1-2（a）液压系统用国标《流体传动系统及元件图形符号和回路图　第 1 部分：图形符号》（GB/T 786.1—2021）绘制的工作原理图。使用这些图形符号可使液压系统简单明了，且便于绘图。

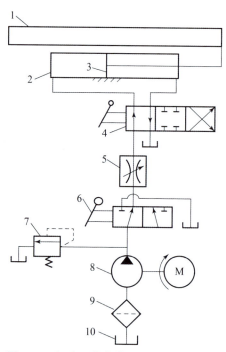

图 1-3　机床工作台液压系统的图形符号

1—工作台；2—液压缸；3—油塞；4—换向阀；5—节流阀；6—开停阀；
7—溢流阀；8—液压泵；9—滤油器；10—油箱

四、液压传动的优缺点

液压传动之所以能得到广泛应用，是因为它具有以下优点。

（1）由于液压传动是油管连接，因此，可以方便、灵活地布置传动机构，这是比机械传动优越的地方。

（2）液压传动装置的质量小、结构紧凑、惯性小。

（3）液压传动可在大范围内实现无级调速。借助阀或变量泵、变量马达，可以实现无级调速，调速范围可达 $1:2\,000$，并可在液压装置运行过程中进行调速。

（4）液压传动传递运动均匀平稳，负载变化时速度较稳定。

（5）液压装置借助溢流阀等，易于实现过载保护，同时液压件能自行润滑，因此，其使用寿命长。

（6）液压传动容易实现自动化。借助各种控制阀，特别是采用液压控制和电气控制结合时，能很容易实现复杂的自动工作循环，而且可以实现遥控。

（7）液压元件已实现了标准化、系列化和通用化，便于设计、制造和推广。

液压传动具有以下缺点。

（1）液压系统中的漏油等因素，影响运动的平稳性和正确性，使得液压传动不能保证严格的传动比。

（2）液压传动对油温的变化比较敏感。当温度变化时，液体黏性变化，引起其运动特性的变化，进而影响工作的稳定性，所以它不宜在温度变化大的环境下工作。

（3）为了减少泄漏及满足某些性能上的要求，液压元件的配合件制造精度要求较高，加工工艺较复杂。

（4）液压传动要求有单独的能源，不像电源那样使用方便。

（5）当液压系统发生故障时，不易检查和排除。

 新技术、新工艺

面对日益严格的环保、节能和可持续发展的要求，液压技术因其噪声、泄漏、污染、效率低等缺点而受到了电气传动和机械传动强有力的挑战。为提高液压技术的竞争力和扩大其应用领域，提高效率，注重系统设计，降低噪声，研发生物可降解液压油、水液压系统，提高工作压力，发展机电一体化应用等方面逐渐成为液压技术未来的发展动向。

项目二　外圆磨床液压系统运行与维修

外圆磨床分为普通外圆磨床和万能外圆磨床，万能外圆磨床的应用最为广泛。在外圆磨床上可以磨削各种轴类和套筒类工件的外圆柱面、外圆锥面及台阶轴端面等。外圆磨床床身一般为箱形结构，内部装有液压传动装置，通过液压传动驱动工作台和砂轮架工作。

学习目标

1. 知识目标

（1）认识外圆磨床液压系统。

（2）掌握外圆磨床液压系统的常见故障及排除方法。

（3）掌握液压油的性质及选用方法。

2. 技能目标

（1）能够快速排除外圆磨床液压系统故障。

（2）能够为外圆磨床选择合适的液压油。

3. 素质目标

（1）具有外圆磨床操作中的协调应变能力。

（2）掌握"6S"管理的含义及操作要点。

任务描述

在接到认识外圆磨床液压系统的任务后，通过观察外圆磨床实物，认识外圆磨床机械结构组成，重点观察液压系统部分的组成元件，然后演示外圆磨床的工作过程，观察外圆磨床工作中存在的常见故障，并分析故障产生的原因。

任务一　外圆磨床液压系统认知

学习目标

1. 知识目标

（1）了解外圆磨床的作用。

(2) 了解外圆磨床液压系统工作过程。

(3) 掌握外圆磨床液压系统组成。

(4) 掌握外圆磨床液压系统常见故障。

2. 技能目标

(1) 能够分析外圆磨床液压系统的工作原理。

(2) 能够掌握外圆磨床液压系统的组成。

3. 素质目标

(1) 具有外圆磨床操作中的协调应变能力。

(2) 掌握"6S"管理的含义及操作要点。

(3) 具有安全操作意识。

 任务描述

外圆磨床液压系统是液压系统的典型案例，在工作过程中液压系统容易出现故障，导致设备无法正常工作，为排除故障必须认识外圆磨床及其液压系统。

 知识储备

外圆磨床液压
系统认知
微课

一、外圆磨床的作用

外圆磨床分为普通外圆磨床和万能外圆磨床，万能外圆磨床是其中应用更为广泛的一种，在外圆磨床上可以磨削各种轴类和套筒类工件的外圆柱面、外圆锥面及台阶轴端面等。M1432 万能外圆磨床如图 2 – 1 所示。

图 2 – 1　M1432 万能外圆磨床

二、外圆磨床的工作过程

外圆磨床的工作过程：将工件夹在头架卡盘里，尾架顶尖顶紧工件，工作台往复运动，砂轮架快速前进，砂轮电动机驱动砂轮转动，磨削工件；工件磨削完成后，砂轮架快退，工作台往复运动停止，松开顶尖取下工件。

三、外圆磨床液压系统的组成及常见故障

外圆磨床液压系统由工作台直线往复运动液压系统、砂轮架横向快速进退液压系统、机床导轨润滑液压系统组成。

外圆磨床液压系统常见故障有工作台运动时爬行、液压缸推力不足、液压油泄漏、冲击振动等故障。

1. 工作台运动时爬行

外圆磨床工作台低速运动时出现爬行与抖动现象，使被磨削工件表面粗糙度高，并呈鱼鳞状，还有不规则的波浪纹。

2. 液压缸推力不足

外圆磨床工作台液压缸推力不足现象，主要表现为液压缸空载压力大，有效牵引力小，严重时使液压缸卡死。

3. 液压油泄漏

外圆磨床液压系统经常会发生液压油泄漏故障。液压油正常工作时，应在规定的容腔内，如果由于某些原因，部分液压油超过容腔边界流出，这种液压油"越界流出"现象就是泄漏故障。

4. 液压冲击

液压冲击是指液压系统在工作时，由于某种原因（如速度急剧变化），引起压力突然急剧上升，形成很高压力峰值的现象。

液压冲击容易引起工作机械振动，产生噪声；会导致某些元件（如密封装置、管路等）损坏；还会使某些元件（如压力继电器、顺序阀等）产生错误动作，甚至可能损毁设备。

 任务实施

某企业使用的 M1432 万能外圆磨床发生液压油泄漏，在接到排除液压油泄漏故障的任务后，通过观察外圆磨床实物，认识外圆磨床机械结构组成，重点观察液压系统部分的组成元件，然后演示外圆磨床的工作过程，观察外圆磨床工作中存在的常见故障，并分析故障产生的原因。

（1）观察 M1432 万能外圆磨床实物，写出该外圆磨床机械结构组成部分。

（2）对照 M1432 万能外圆磨床实物指出外圆磨床的作用及应用场合。

（3）依据外圆磨床液压系统原理图，结合 M1432 万能外圆磨床实物指出外圆磨床液压系统包含的元件及其主要作用。

（4）列举外圆磨床液压系统的组成元件及其作用，并简述外圆磨床液压传动的工作原理。

（5）依据外圆磨床液压系统原理图，结合 M1432 万能外圆磨床实物，设置外圆磨床常见故障，并指出故障。

（6）依据外圆磨床液压系统原理图，结合 M1432 万能外圆磨床实物，分析故障产生原因及排除方法。

任务二　外圆磨床工作台爬行故障排除

 学习目标

1. 知识目标

（1）掌握液压泵的种类。
（2）掌握液压泵的工作原理。
（3）掌握液压泵的结构特点和功用。

2. 技能目标

（1）能够为 M1432 万能外圆磨床液压系统选择合适的液压泵。
（2）能够用正确的工具维修液压泵。

3. 素质目标

（1）具有国家标准、行业标准意识。
（2）具有规范操作意识。

磨床工作台爬行
故障排除微课

任务描述

外圆磨床工作台低速运动时出现爬行与抖动现象，使被磨工件表面粗糙度高，并呈鱼鳞状，以及不规则的波浪纹，会给工厂带来很大损失。因此，需根据这台外圆磨床液压系统的使用情况，进行故障诊断分析并排除。

液压泵作为液压系统中提供一定流量和压力的动力元件，起着向系统提供动力源的作用，是不可缺少的核心元件。液压泵将原动机（电动机或内燃机）输出的机械能转换为工作液体的压力能，是一种能量转换装置。

 知识储备

一、齿轮泵的认知

齿轮泵是液压系统中广泛采用的一种液压泵，一般做成定量泵。按

实操齿轮泵认知
与维修微课

其结构不同，齿轮泵分为外啮合齿轮泵和内啮合齿轮泵，外啮合齿轮泵的应用更广泛。下面以外啮合齿轮泵为例来剖析齿轮泵。

1. 齿轮泵的结构和工作原理

CB - B 型齿轮泵的结构如图 2 - 2（a）所示。它是分离三片式结构，三片是指后泵盖 4、前泵盖 8 和泵体 7，泵体 7 内装有一对齿数相同、宽度和泵体接近而又互相啮合的齿轮 6，这对齿轮与两端泵盖和泵体形成一密封腔，并由齿轮的齿顶和啮合线把密

封腔划分为两部分，即吸油腔和压油腔。两齿轮分别用键5固定在由滚针轴承支承的主动轴12和从动轴15上，主动轴由电动机带动旋转。

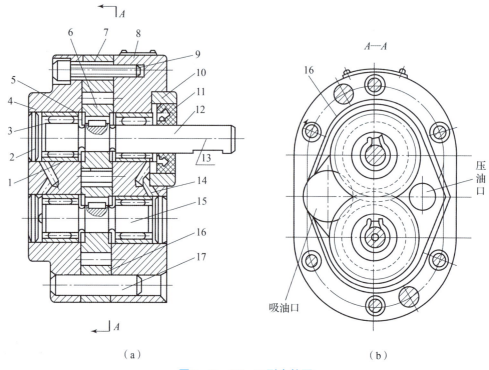

图 2 – 2　CB – B 型齿轮泵

（a）结构；（b）工作原理

1—轴承外环；2—堵头；3—滚子；4—后泵盖；5—键；6—齿轮；7—泵体；8—前泵盖；9—螺钉；10—压环；
11—密封环；12—主动轴；13—键；14—泄油孔；15—从动轴；16—泄油槽；17—定位销

　　CB – B 型齿轮泵的工作原理如图 2 – 2（b）所示，当泵的主动齿轮按图 2 – 2（b）所示箭头方向旋转时，齿轮泵左侧（吸油腔）的齿轮脱开啮合，其轮齿退出齿间，使密封容积增大，形成局部真空，油箱中的油液在外界大气压的作用下，经吸油管路、吸油腔进入齿间。随着齿轮的旋转，吸入齿间的油液被带到另一侧，进入压油腔。这时轮齿进入啮合，使密封容积逐渐减小，齿轮间部分的油液被挤出，形成了齿轮泵的压油过程。齿轮啮合时齿向接触线把吸油腔和压油腔分开，起配油作用。当齿轮泵的主动齿轮由电动机带动不断旋转时，轮齿脱开啮合的一侧，此时密封容积变大从而不断从油箱中吸油；而当轮齿进入啮合的一侧时，密封容积又因减小而不断排油。这就是齿轮泵的工作原理。

2. 齿轮泵的困油现象

　　齿轮泵要连续供油，就要求齿轮啮合的重叠系数 ε 大于1，也就是说，当一对齿轮尚未脱开啮合时，另一对齿轮已进入啮合，这样就出现同时有两对齿轮啮合的瞬间，在两对齿轮的齿向啮合线之间就会形成一个封闭容积，一部分油液就被困在这一封闭容积（困油腔）中（见图 2 – 3（a））；当齿轮连续旋转时，这一封闭容积便逐渐减小，到两啮合点处于节点两侧的对称位置时（见图 2 – 3（b）），封闭容积为最小；当齿轮再继续转动时，封闭容积又逐渐增大，直到图 2 - 3（c）所示位置时，容积变为最大。在封闭容积减小时，被困油液受到挤压，压力急剧上升，使轴承突然受到很大的冲击载荷，使泵剧烈振动，这时高压油液从一切可能泄漏的缝隙中挤出，造成功率损失、油液发热等。当封闭容积增大时，由于没有油液补充，形成局部真空，使原来溶解于油液中的空气分离出来，形成气泡，油液中产生气泡后，会引起噪声、气蚀等一系列问题。以上情况就是齿轮泵的困油现象。这种困油现象严重影响泵的工作平稳性和使用寿命。

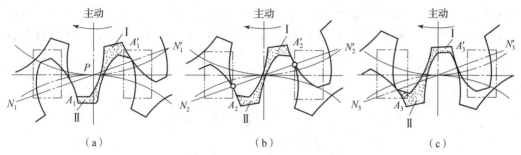

图 2 - 3　齿轮泵的困油现象

为了消除齿轮泵的困油现象，在 CB - B 型齿轮泵的泵盖上铣出两个困油卸荷槽，其几何关系如图 2 - 4 所示。困油卸荷槽的位置应该使困油腔在由大变小时，能通过困油卸荷槽与压油腔相通，而当困油腔由小变大时，能通过另一困油卸荷槽与吸油腔相通。两困油卸荷槽之间的距离为 a，必须保证在任何时候都不能使压油腔和吸油腔互通。

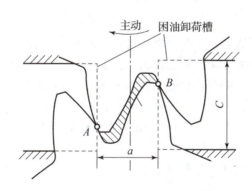

图 2 - 4　齿轮泵困油卸荷槽的几何关系

按上述对称设置的困油卸荷槽，当困油腔由大变至最小时（见图 2 - 3），由于油液不易从即将关闭的缝隙中挤出，故封闭油压仍高于压油腔压力；齿轮继续转动，在困油腔和吸油腔相通的瞬间，高压油液又突然和吸油腔的低压油液相接触，会引起冲击和噪声。于是 CB - B 型齿轮泵将困油卸荷槽的位置整个向吸油腔侧平移了一个距离。这时困油腔只有在由小变至最大时才和压油腔断开，油压没有突变，困油腔和吸油腔接通时，困油腔不会出现真空也没有压力冲击，这样改进后，齿轮泵的振动和噪声得到了进一步改善。

3. 齿轮泵的径向不平衡力

齿轮泵工作时，齿轮和轴承承受径向液压力的作用。如图2-5所示，齿轮泵的下侧为吸油腔，上侧为压油腔。在压油腔内有液压力作用于齿轮上，沿着齿顶的泄漏油液，具有大小不等的压力，即齿轮和轴承受到的径向不平衡力。液压力越高，这个径向不平衡力就越大，其结果不仅加速轴承的磨损、降低轴承的使用寿命，而且会使轴变形，造成齿顶和泵体内壁的摩擦等。为了解决径向力不平衡问题，在有些齿轮泵上，采用开压力平衡槽的办法来消除径向不平衡力，但这将使泄漏增大、容积效率降低等。CB-B型齿轮泵采用缩小压油腔的方法，以减少液压力对齿顶部分的作用面积，来减小径向不平衡力，所以该齿轮泵的压油口孔径比吸油口孔径要小。

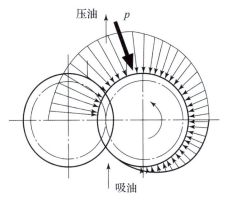

图2-5 齿轮泵的径向不平衡力

4. 齿轮泵的流量计算

齿轮泵的排量V相当于一对齿轮所有齿谷容积的和，假如齿谷容积大致等于轮齿的体积，那么齿轮泵的排量等于一个齿轮的齿谷容积和轮齿容积体积的总和，即相当于以有效齿高（$h=2m$）和齿宽构成的平面所扫过的环形体积，即

$$V = \pi DhB = 2\pi zm^2 B \qquad (2-1)$$

式中，D为齿轮分度圆直径，$D=mz$，cm；h为有效齿高，$h=2m$，cm；B为齿宽，cm；m为齿轮模数，cm；z为齿数。

实际上齿谷的容积要比轮齿的体积稍大，故式（2-1）中的π常以3.33代替，则式（2-1）可写成

$$V = 6.66zm^2 B \qquad (2-2)$$

齿轮泵的流量q（单位为L/min）为

$$q = 6.66zm^2 Bn\eta_V \times 10^{-3} \qquad (2-3)$$

式中，n为齿轮泵转速，r/min；η_V为齿轮泵的容积效率。

实际上齿轮泵的流量是有脉动的，故式（2-3）所表示的是泵的平均流量。

从式（2-1）~式（2-3）可以看出流量和几个主要参数的关系如下。

（1）流量q与齿轮模数m的平方成正比。

（2）在泵的体积一定时，齿数少，模数就大，故流量增加，流量脉动大；在齿数增加时，模数就小，流量减少，流量脉动也小。

（3）流量和齿宽 B、齿轮泵转速 n 成正比。

5. 高压齿轮泵的特点

上述齿轮泵由于泄漏大（主要是端面泄漏，占总泄漏量的 70%～80%），且存在径向不平衡力，故压力不易提高。高压齿轮泵主要是针对上述问题采取了一些措施，如尽量减小径向不平衡力和提高轴与轴承的刚度，对泄漏量最大处的端面间隙采用自动补偿装置等。下面对端面间隙补偿装置进行简单介绍。

（1）浮动轴套。图 2-6（a）是浮动轴套式间隙补偿装置。它将泵出口处的液压油引入齿轮轴上的浮动轴套 1 的外侧 A 腔，在液体压力作用下，轴套紧贴齿轮 3 的侧面，以此消除间隙，并可以补偿齿轮侧面和轴套间的磨损量。在泵启动时，弹簧 4 产生预紧力，保证了轴向间隙的密封。

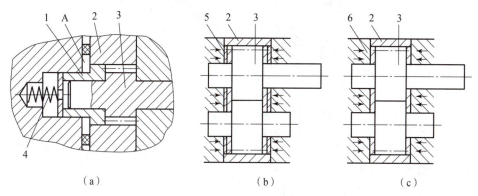

图 2-6　端面间隙补偿装置
（a）浮动轴套式；（b）浮云侧板式；（c）挠性侧板式
1—浮动轴套；2—泵体；3—齿轮；4—弹簧；5—浮动侧板；6—挠性侧板

（2）浮动侧板式。浮动侧板式补偿装置的工作原理与浮动轴套式基本相似，它也是将泵出口处的液压油引到浮动侧板 5 的背面（见图 2-6（b）），使其紧贴于齿轮 3 的端面来补偿间隙。泵启动时，浮动侧板靠密封圈来产生预紧力。

（3）挠性侧板式。图 2-6（c）是挠性侧板式间隙补偿装置。它将泵出口处的液压油引到挠性侧板 6 的背面，靠侧板自身的变形来补偿端面间隙，侧板的厚度较薄，内侧面要耐磨（如烧结有 0.5～0.7 mm 的磷青铜），这种结构采取一定措施后，易使侧板外侧面的压力分布大体上和齿轮侧面的压力分布相适应。

6. 内啮合齿轮泵

内啮合齿轮泵的工作原理也是利用齿间密封容积的变化来实现吸油压油。图 2-7 是内啮合齿轮泵的工作原理图。它是由配油盘（前、后盖）、外转子（从动轮）和偏心安置在泵体内的内转子（主动轮）等组成。内、外转子相差一齿，图 2-7 中内转子为六齿，外转子为七齿，由于内、外转子是多齿啮合，因此形成了若干密封容积。当内转子围绕中心 O_1 旋转时，带动外转子绕外转子中心 O_2 做同向旋转。这时，由内转子齿顶 A_1 和外转子齿顶 A_2 间形成的密封容积 C（图 2-7 中阴影部分），随着转子的转动密封容积逐渐扩大，于是形成局部真空，油液从配油窗口 b 被吸入密封腔，至 A_1'、A_2' 位置时封闭容积最大，这时吸油完毕。当转子继续旋转时，充满油液的密封容积便逐渐减小，油液受挤压，于是通过另一配油窗口 a 将油液排出，至内转子的另一齿和外转子的齿谷全部啮合时，压油完毕。内转子每转一周，由内转子和外转子所构成的每个密封容积都完成吸、压油各一次，当内转子连续转动时，即可完成液压泵的吸排油工作。

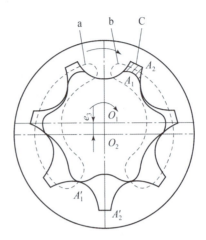

图 2-7　内啮合齿轮泵的工作原理图

内啮合齿轮泵的内转子齿形是圆弧，外转子齿形为短幅外摆线的等距线，故又称内啮合摆线齿轮泵，也称转子泵。

内啮合齿轮泵有许多优点，如结构紧凑、体积小、零件少、转速可达 10 000 r/min、运动平稳、噪声低、容积效率较高等。缺点是流量脉动大、转子的制造工艺复杂等，目前采用粉末冶金压制成型。随着工业技术的发展，内啮合摆线齿轮泵的应用将会越来越广泛。此外，内啮合齿轮泵可正转，也可反转，故可作液压马达使用。

二、叶片泵的认知与维修

叶片泵的结构较齿轮泵复杂，其工作压力较高，且流量脉动小、工作平稳、噪声较小、使用寿命较长，所以广泛应用于专业机床、自动线等中低压液压系统中。叶片泵分单作用叶片泵（变量泵，最大工作压力为 7.0 MPa）和双作用叶片泵（定量泵，最大工作压力为 7.0 MPa）。

叶片泵认识与维修微课

1. 单作用叶片泵

（1）结构和原理。

单作用叶片泵的工作原理如图 2-8 所示。该泵由转子 1、定子 2、叶片 3、配油盘 4 和前后端盖（图中未画出）等主要零件组成。定子具有圆柱形内表面，定子和转子间有偏心距 e，叶片装在转子槽中，并可在槽内动。当转子回转时，由于离心力的作用，叶片紧靠在定子内壁，这样在定子、转子、叶片和两侧配油盘间就形成若干个密封的工作区间，当转子按图 2-8 所示的方向回转时。在图 2-8 的右部，叶片逐渐伸出，叶片间的工作空间逐渐增大，从吸油口吸油，这就是吸油腔；在图 2-8 的左部，叶片被定子内壁逐渐压进槽内，工作空间逐渐减小，使油液从压油口压出，这就是压油腔。在吸油腔和压油腔间有一段封油区，把吸油腔和压油腔隔开，叶片泵转子每转一周，每个工作空间完成一次吸油和压油，故称为单作用叶片泵。

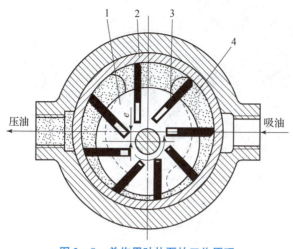

图 2 - 8　单作用叶片泵的工作原理
1—转子；2—定子；3—叶片；4—配流盘

（2）流量的计算。

当叶片泵的转速为 n，泵的容积效率为 η_V 时，理论流量和实际流量分别为

$$q_t = Vn = 4\pi ReBn \qquad\qquad (2-4)$$

$$q = q_t \eta_V = 4\pi ReBn\eta_V \qquad\qquad (2-5)$$

（3）结构特点。

1）叶片后倾。

2）转子受径向不平衡力，压力增大，径向不平衡力也增大，不宜用于高压系统。

3）均为变量泵结构。

单作用叶片泵的流量是有脉动的。理论分析表明，泵内叶片数越多，流量脉动率就越小，且奇数叶片泵的脉动率比偶数叶片泵的脉动率小，所以单作用叶片泵的叶片数均为奇数，一般为 13 片或 15 片。

2. 双作用叶片泵

（1）结构和原理。

双作用叶片泵的工作原理如图 2 - 9 所示，它是由定子 1、转子 2、叶片 3 和配油盘（图 2 - 9 中未画出）等组成。转子和定子中心重合，定子内表面近似为椭圆柱形，该椭圆形由两段长半径圆弧、两段短半径圆弧和两段过渡曲线所组成。当转子转动时，叶片在离心力和（建压后）根部液压油的作用下，在转子槽内向外移动压向定子内表面，从而使叶片、定子的内表面、转子的外表面和两侧配油盘间形成若干个密封空间。当转子按图 2 - 9 所示方向顺时针旋转时，处在小圆弧上的密封空间在经过渡曲线运动到大圆弧的过程中，叶片外伸，密封空间的容积增大，要吸入油液；再从大圆弧经过渡曲线运动到小圆弧的过程中，叶片被定于内壁逐渐压进槽内，密封空间容积变小，将油液从压油口压出。因此，转子每转一周，每个工作空间要完成两次吸油和压油，故称为双作用叶片泵。由于这种叶片泵有两个吸油腔和两个压油腔，并且各自的中心夹角对称，作用在转子上的油液压力相互平衡，因此，双作用叶片泵又称卸荷式叶片泵。为使径向力完全平衡，密封空间数（即叶片数）应当是双数。

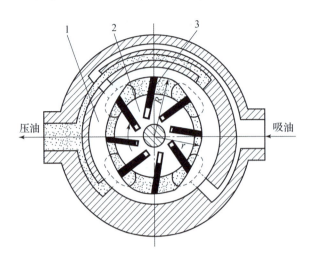

图 2-9　双作用叶片泵的工作原理
1—定子；2—转子；3—叶片

（2）结构特点。

1）叶片倾角沿旋转方向前倾 10°～14°，以减小压力角。

2）叶片底部通以液压油，防止压油区叶片内滑。

3）转子上的径向负荷平衡，称为卸荷式叶片泵。

4）为防止压力跳变，配油盘上开有三角槽（眉毛槽），同时可以避免困油。

5）双作用叶片泵不能改变排量，只作定量泵使用。

3. 限压式变量叶片泵

（1）结构和原理。

限压式变量叶片泵是单作用叶片泵。根据前面介绍的单作用叶片泵的工作原理，改变定子和转子间的偏心距 e，就能改变泵的输出流量，限压式变量叶片泵就是通过改变输出压力的大小自动改变偏心距 e，从而改变输出流量。当压力低于某一可调节的限定压力时，泵的输出流量最大；当压力高于限定压力时，随着压力的增加，泵的输出流量呈线性减少，其工作原理如图 2-10 所示。

在图 2-10 中，转子 1 中装有叶片，吸油窗口 3 和压油窗口 8 均在油盘上，泵的出口经通道 7 与柱塞缸 6 相通。在泵未运转时，定子在调压弹簧 9 的作用下，紧靠柱塞 4，并使柱塞 4 靠在调节流量螺钉 5 上。这时，定子和转子有偏心量 e_0，改变调节流量螺钉 5 的位置，便可改变 e_0。当泵的出口压力 p 较低时，作用在柱塞上的液压力也较小，若此液压力小于上端弹簧的作用力，则当柱塞的面积为 A，调压弹簧的刚度为 k_s，预压缩量为 x_0 时，有

$$pA < k_s x_0$$

此时，定子相对于转子的偏心量最大，输出流量也最大。随着外负载的增大，液压泵的出口压力 p 也将随之提高，当压力升至与弹簧力相平衡的控制压力 p_B 时，有

$$p_B = k_s x_0 \tag{2-6}$$

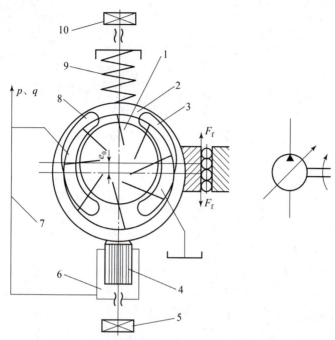

图 2 - 10　限压式变量叶片泵的工作原理

1—转子；2—定子；3—吸油窗口；4—柱塞；5—调节流量螺钉；6—柱塞缸；7—通道；
8—压油窗口；9—调压弹簧；10—调压螺钉

当压力进一步升高，就有 $p_A > k_s x_0$，这时若不考虑定子移动时的摩擦力，液压作用力就要克服弹簧力推动定子向上移动，随之，泵的偏心量减小，泵的输出流量也减小。p_B 称为泵的限定压力，即泵处于最大流量时所能达到的最高限定压力，调节调压螺钉 10，可改变弹簧的预压缩量 x_0，即可改变 p_B 的大小。

设定子的最大偏心量为 e_0，当偏心量减小时，弹簧的附加压缩量为 x，则定子移动后的偏心量 e 为

$$e = e_0 - x$$

定子的受力平衡方程式为

$$p_A = k_s (x_0 + x) \tag{2-7}$$

可以看出，泵的工作压力越大，偏心量越小，泵的输出流量也越小。

（2）特性曲线。

图 2 - 11 为限压式变量叶片泵的特性曲线。

AB 段：工作压力 $p < p_B$，输出流量 q_A 不变，但供油压力增大，泄漏流量 q_1 也增加，故实际流量 q 减少。

BC 段：工作压力 $p > p_B$，弹簧压缩量增大，偏心量减小，泵的输出流量减少。当定子的偏心量 $e_0 = 0$ 时，$p_C = p_{max}$，此时的压力为截止压力。调节弹簧的刚度 k_s，可改变 BC 段的斜率。

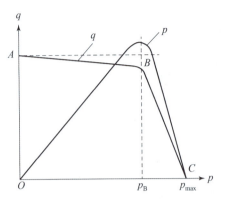

图 2 – 11   限压式变量叶片泵的特性曲线

三、柱塞泵的认知与维修

柱塞泵认知与
维修微课

柱塞泵是靠柱塞在缸体中做往复运动造成密封容积的变化来实现吸油与压油的液压泵，与齿轮泵和叶片泵相比，这种泵有许多优点。第一，构成密封容积的零件为圆柱形的柱塞和缸体孔，加工方便，可得到较高的配合精度，密封性能好，在高压工作时仍有较高的容积效率；第二，只需改变柱塞的工作行程就能改变流量，易于实现变量；第三，柱塞泵中的主要零件均受压应力作用，材料强度性能可得到充分利用。由于柱塞泵压力高、结构紧凑、效率高、流量调节方便，故在需要高压、大流量、大功率的系统中和流量需要调节的场合，如龙门刨床、拉床、液压机、工程机械、矿山冶金机械、船舶上得到广泛应用。柱塞泵按柱塞的排列和运动方向不同，可分为径向柱塞泵和轴向柱塞泵两大类。

1. 径向柱塞泵

（1）径向柱塞泵的工作原理。

径向柱塞泵的工作原理如图 2 – 12 所示。柱塞 1 径向排列装在缸体 2 中，缸体由原动机带动连同柱塞一起旋转，所以缸体一般称为转子。柱塞在离心力（或在低压油）的作用下抵紧定子 4 的内壁，当转子按图 2 – 12 所示方向回转时，由于定子和转子之间有偏心距 e，柱塞转上半周时向外伸出，柱塞底部的容积逐渐增大，形成部分真空，因此，便经过衬套 3（衬套压紧在转子内，并和转子一起回转）上的油孔从配油轴 5 和吸油口 b 吸油；当柱塞转到下半周时，定子内壁将柱塞向里推，柱塞底部的容积逐渐减小，向配油轴的压油口 c 压油。当转子回转一周时，每个柱塞底部的密封容积完成一次吸压油，转子连续运转，即完成吸压油工作。配油轴固定不动，油液从配油轴上半部的两个孔 a 流入，从下半部两个油孔 d 压出。为了进行配油，配油轴在和衬套 3 接触的一段加工出上下两个缺口，形成吸油口 b 和压油口 c，留下的部分形成封油区。封油区的宽度应能封住衬套上的吸压油孔，以防止吸油口和压油口相连通，但尺寸也不能相差太多，以免产生困油现象。

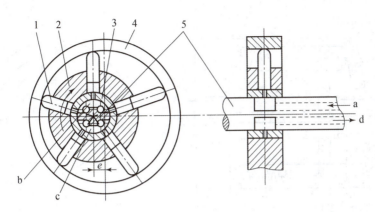

图 2 – 12 径向柱塞泵的工作原理
1—柱塞；2—缸体；3—衬套；4—定子；5—配油轴

（2）径向柱塞泵排量和流量的计算。

当转子和定子之间的偏心距为 e 时，柱塞在缸体孔中的行程为 $2e$，设柱塞个数为 z，直径为 d，则泵的排量为

$$V = \frac{\pi}{4} d^2 2ez \qquad (2-8)$$

式中，设泵的转数为 n，容积效率为 η_V，则泵的实际输出流量为

$$V = \frac{\pi}{4} d^2 2ezn\eta_V \qquad (2-9)$$

2. 轴向柱塞泵

（1）轴向柱塞泵的工作原理。

轴向柱塞泵是将多个柱塞配置在一个共同缸体的圆周上，并使柱塞中心线和缸体中心线平行的一种泵。轴向柱塞泵有两种形式，即直轴式（斜盘式）和斜轴式（摆缸式），图 2 – 13 所示为直轴式轴向柱塞泵的工作原理。这种泵的主体由缸体 1、配油盘 2、柱塞 3 和斜盘 4 组成。柱塞沿圆周均匀分布在缸体内。斜盘轴线与缸体轴线倾斜一角度，柱塞靠机械装置或在低压油作用下压紧在斜盘上（图 2 – 13 中为弹簧 6），配油盘和斜盘固定不转。当原动机通过传动轴使缸体转动时，由于斜盘的作用，迫使柱塞在缸体内做往复运动，并通过配油盘的配油窗口进行吸油和压油。按图 2 – 13 所示回转方向，当缸体转角在 $\pi \sim 2\pi$ 范围内时，柱塞向外伸出，柱塞底部缸体孔的密封工作容积增大，通过配油盘的吸油窗口吸油；在 $0 \sim \pi$ 范围内时，柱塞被斜盘推入缸体，使缸体孔容积减小，通过配油盘的压油窗口压油。缸体每转一周，每个柱塞各完成吸、压油一次。如改变斜盘倾角，则能改变柱塞行程的长度，即改变液压泵的排量；如改变斜盘倾角方向，则能改变吸油和压油的方向，即成为双向变量泵。

配油盘上吸油窗口和压油窗口之间的密封区宽度应稍大于柱塞缸体底部通油孔宽度，但不能相差太大，否则会发生困油现象。一般在两配油窗口的两端部开有小三角槽，以减小冲击和噪声。

斜轴式轴向柱塞泵的缸体轴线相对传动轴轴线呈一倾角，传动轴端部用万向铰链、连杆与缸体中的每个柱塞相连接。当传动轴转动时，通过万向铰链、连杆使柱塞和缸

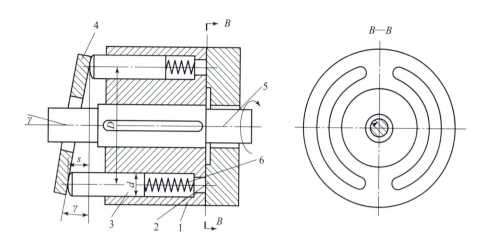

图 2 – 13　直轴式轴向柱塞泵的工作原理
1—缸体；2—配油盘；3—柱塞；4—斜盘；5—传动轴；6—弹簧

体一起转动，并迫使柱塞在缸体中做往复运动，并借助配油盘进行吸油和压油。这类泵的优点是变量范围大、泵的强度较高，但和上述直轴式轴向柱塞泵相比，其结构较复杂、外形尺寸和质量均较大。

轴向柱塞泵的优点是结构紧凑、径向尺寸小、惯性小、容积效率高，目前最高压力可达 40.0 MPa，一般用于工程机械、压力机等高压系统中，但其轴向尺寸较大、轴向作用力也较大、结构比较复杂。

（2）轴向柱塞泵的排量和流量计算。

如图 2 – 13 所示，当柱塞的直径为 d，柱塞分布圆直径为 D，斜盘倾角为 γ 时，柱塞的行程为 $s = D\tan\gamma$，所以当柱塞数为 z 时，轴向柱塞泵的排量为

$$V = \frac{\pi}{4}d^2 Dz\tan\gamma \qquad (2-10)$$

设泵的转数为 n，容积效率为 η_V，则泵的实际输出流量为

$$q = \frac{\pi}{4}d^2 Dzn\eta_V\tan\gamma \qquad (2-11)$$

实际上，由于柱塞在缸体孔中运动的速度不是恒定的，因此，输出流量是有脉动的。当柱塞数为奇数时，脉动较小，且柱塞数多时脉动也较小，因此，一般常用的柱塞泵的柱塞个数为 7 个、9 个或 11 个。

（3）轴向柱塞泵的结构特点。

1）典型结构。

图 2 – 14 所示为直轴式轴向柱塞泵结构。柱塞的球状头部装在滑履 4 内，以缸体 6 作为支承的弹簧 9 通过钢球推压回程盘 3，使回程盘和柱塞滑履一同转动。在排油过程中斜盘 2 推动柱塞做轴向运动；在吸油时回程盘、钢球和弹簧组成的回程装置将滑履紧紧压在斜盘表面上滑动。弹簧一般称为回程弹簧，这样的泵具有自吸能力。在滑履与斜盘相接触的部分有一油室，它通过柱塞中间的小孔与缸体中的工作腔相连，液压油进入油室后在滑履与斜盘的接触面间形成了一层油膜，起静压支承作用，使滑履作用在斜盘上的力大大减小，因此，磨损也减小。传动轴 8 通过左边的花键带动缸体旋

转，由于滑履紧贴在斜盘表面上，因此柱塞在随缸体旋转的同时在缸体中做往复运动。缸体中柱塞底部的密封工作容积通过配油盘 7 与泵的进出口相通，随着传动轴的转动，液压泵将连续地吸油和排油。

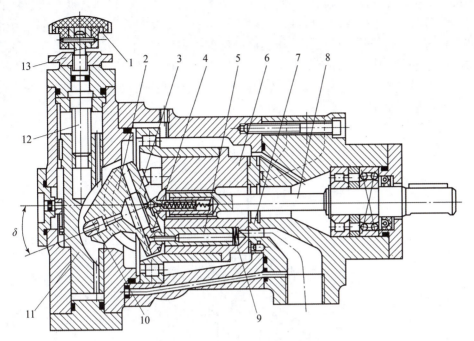

图 2 – 14　直轴式轴向柱塞泵结构

1—转动手轮；2—斜盘；3—回程盘；4—滑履；5—柱塞；6—缸体；7—配油盘；8—传动轴；
9—弹簧；10—轴销；11—变量活塞；12—丝杠；13—锁紧螺母

2）变量机构。

由式（2 – 11）和式（2 – 12）可知，只要改变斜盘的倾角，即可改变轴向柱塞泵的排量和输出流量。下面介绍常用轴向柱塞泵手动变量和伺服变量机构的工作原理。

①手动变量机构。如图 2 – 14 所示，转动转动手轮 1，使丝杠 12 转动，带动变量活塞 11 做轴向移动（因导向键的作用，变量活塞只能做轴向移动，不能转动）。通过轴销 10 使斜盘绕变量机构壳体上的圆弧导轨面的中心（即钢球中心）旋转，从而使斜盘倾角改变，以达到变量的目的。当流量达到要求时，可用锁紧螺母 13 锁紧。这种变量机构结构简单，但操纵不便，且不能在工作过程中变量。

②伺服变量机构。

图 2 – 15 所示为轴向柱塞泵的伺服变量机构，以此机构代替图 2 – 14 所示轴向柱塞泵中的手动变量机构，就成为手动伺服变量泵。其工作原理为泵输出的液压油由通道经单向阀 a 进入变量机构壳体的下腔 d，液压力作用在变量活塞 4 的下端。当与伺服阀芯 1 相连接的拉杆不动时（图 2 – 15 所示状态），变量活塞 4 的上腔 g 处于封闭状态，变量活塞不动，斜盘 3 在某一相应的位置上。当拉杆向下移动时，推动伺服阀阀芯一起向下移动，d 腔的液压油经通道 e 进入上腔 g。由于变量活塞上端的有效面积大于下端的有效面积，因此向下的液压力大于向上的液压力，故变量活塞也随之向下移

动，直到将通道 e 的油口封闭为止。变量活塞的移动量等于拉杆的位移量。当变量活塞向下移动时，通过轴销带动斜盘摆动，斜盘倾角增加，泵的输出流量随之增加；当拉杆带动伺服阀阀芯向上运动时，阀芯将通道 f 打开，上腔 g 通过卸压通道接通油箱泄压，变量活塞向上移动，直到阀芯将卸压通道关闭为止，它的移动量也等于拉杆的移动量，这时斜盘也被带动作相应的摆动，使倾角减小，泵的流量也随之减小。由上述可知，伺服变量机构是通过操作液压伺服阀动作，利用泵输出的液压油推动变量活塞来实现变量的，故加在拉杆上的力很小，控制灵敏。拉杆可用手动方式或机械方式操作，斜盘可以倾斜 ±18°，故在工作过程中泵的吸压油方向可以变换，因此，这种泵称为双向变量液压泵。

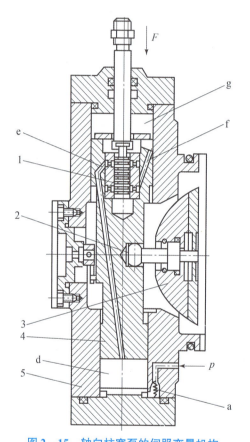

图 2－15　轴向柱塞泵的伺服变量机构
1—伺服阀阀芯；2—铰链；3—斜盘；4—变量活塞；5—壳体

　　除了以上介绍的两种变量机构以外，轴向柱塞泵还有很多种变量机构，如恒功率变量机构、恒压变量机构、恒流量变量机构等，这些变量机构与轴向柱塞泵的泵体部分组合成为各种不同变量方式的轴向柱塞泵，在此不一一介绍。

 新技术、新工艺

1. A4V 系列同轴泵

　　贵阳航空液压件厂从德国一家公司引进技术生产的 A4V 系列同轴泵，如图 2－16 所示。

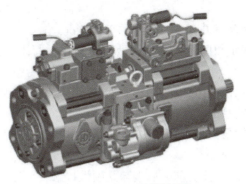

图 2 – 16　A4V 系列同轴泵

2. 开式系统重载斜盘泵

开式系统泵相对于闭式系统泵有更多的要求，要求其有良好的自吸能力，较低的噪声和较多的变量形式，所以闭式系统泵一般不能用于开式系统。然而，闭式系统泵生产厂家为了降低成本，提高泵的零件通用化程度，往往在闭式系统泵的基础上派生出开式系统泵，如力士乐 A4SVO 开式系统泵就是在闭式系统泵 A4V 的基础上发展的，林德 HPR – 02 系列开式系统泵是 HPV – 02 闭式系统泵的改进产品。我国目前大量生产的 CY 型轴向泵属于开式系统重载斜盘泵，如图 2 – 17 所示。

3. PROCON 102 系列旋转叶片泵

美国 PROCON 高压旋转叶片泵是容积泵，流量可在 40 ~ 2 000 L/h 范围内选择不同型号，材质由黄铜或不锈钢各自组成不同系列，单级旋转叶片可达扬程 140 ~ 170 m 水柱，适用于输送各类清洁、低润滑性能的液体。叶片与泵体无金属接触，不仅经久耐用，而且扭矩小、节省能源。PROCON 102 系列旋转叶片泵具有压力高、噪声低、振动小、无脉冲、可自吸、自润滑、流量恒定等优点，如图 2 – 18 所示。

图 2 – 17　CY 型轴向泵

图 2 – 18　PROCON 102 系列旋转叶片泵

 任务实施

1. 齿轮泵故障诊断与维修

（1）演示 M1432 万能外圆磨床工作过程，观察工作台爬行故障现象，并写出可能

产生故障的原因。

（2）更换液压泵后观察并记录工作台的工作情况。

（3）通过诊断，确定故障产生原因为液压泵损坏，写出液压泵的种类，以及该磨床所用的液压泵。

1）写出外啮合齿轮泵的组成元件及其主要作用。

2）说出外啮合齿轮泵的工作原理。

3）说出外啮合齿轮泵工作中存在的问题及解决措施。

4）检查并记录如下内容。

①CB－B型齿轮泵的泵体与前、后端盖是硬性接触（不用纸垫），检查其接触面平面度是否存在偏差。

②检查压盖密封处是否产生泄漏，可用丙酮或无水酒精将其清洗干净，再用环氧树脂胶黏剂涂覆。

③检查密封圈是否需要更换。

2. 叶片泵故障诊断与维修

（1）写出叶片泵的组成元件及其主要作用。

（2）说出叶片泵的工作原理。

（3）说出叶片泵工作中常见故障及维修方法。

3. 柱塞泵故障诊断与维修

（1）写出柱塞泵组成元件及其主要作用。

（2）说出柱塞泵的工作原理。

（3）说出柱塞泵工作中常见故障及维修方法。

 任务三 外圆磨床液压缸推力不足故障排除

 学习目标

1. 知识目标

（1）掌握液压缸的种类。

（2）掌握液压缸的工作原理。

（3）掌握液压缸的结构特点、功用及参数计算。

2. 技能目标

（1）能够为M1432万能外圆磨床液压系统选择合适的液压缸。

（2）能够用工具正确维修液压缸。

3. 素质目标

（1）具有国家标准、行业标准意识。

（2）具有规范操作意识。

磨床液压推力不足
故障排除微课

 任务描述

当外圆磨床工作台液压缸推力不足时，液压缸空载压力大，有效牵引力小，严重时会使液压缸卡死。为排除该故障需要学习液压缸结构、工作原理及常见故障的维修方法。

知识储备

液压执行元件是将液压泵提供的液压能转变为机械能的能量转换装置，包括液压缸和液压马达。液压马达习惯上是指输出旋转运动的液压执行元件，输出直线运动（包括输出摆动运动）的液压执行元件称为液压缸。

液压缸按其结构形式，可以分为活塞缸、柱塞缸和摆动缸三类。活塞缸和柱塞缸实现往复运动，输出推力和速度；摆动缸则能实现小于360°的往复摆动，输出转矩和角速度。液压缸除单个使用外，还可以几个组合起来使用或和其他机构组合起来使用，以完成特殊的功能。

（1）活塞缸。

活塞缸分为双杆式活塞缸和单杆式活塞缸两种。

1）双杆式活塞缸。

双杆式活塞缸的活塞两端都有一根直径相等的活塞杆伸出，它根据安装方式不同，又可以分为缸体固定式和活塞杆固定式两种。图2-19（a）所示为缸体固定式双杆式活塞缸。

如图2-19（a）所示，它的进、出油口布置在缸体两端，活塞通过活塞杆带动工作台移动，当活塞的有效行程为 l 时，整个工作台的运动范围为 $3l$，所以以机床占地面积大，一般适用于小型机床。当工作台行程要求较长时，可采用图2-19（b）所示的活塞杆固定式双杆式活塞缸，这时缸体与工作台相连，活塞杆通过支架固定在机床上，动力由缸体传出。这种安装形式中，工作台的移动范围只等于液压缸有效行程的2倍（$2l$），因此，其占地面积小。进、口出油口可以设置在固定不动的空心活塞杆两端，使油液从活塞杆中进出；也可设置在缸体两端，但必须使用软管连接。

由于双杆式活塞缸两端的活塞杆直径通常是相等的，因此，其左、右两腔的有效面积也相等。当分别向左、右腔输入相同压力和相同流量的油液时，液压缸左、右两个方向的推力和速度相等。当活塞的直径为 D，活塞杆的直径为 d，液压缸进、出油腔的压力为 p_1 和 p_2，输入流量为 q 时，双杆活塞缸的推力 F 和速度 v 为

$$F = A(p_1 - p_2) = \frac{\pi}{4}(D^2 - d^2)(p_1 - p_2) \qquad (2-12)$$

$$v = \frac{q}{A} = \frac{4q}{\pi(D^2 - d^2)} \qquad (2-13)$$

式中，A 为活塞的有效工作面积。

双杆式活塞缸在工作时，设计成一个活塞杆受拉力，而另一个活塞杆不受力，因此，这种液压缸的活塞杆可以做得细些。

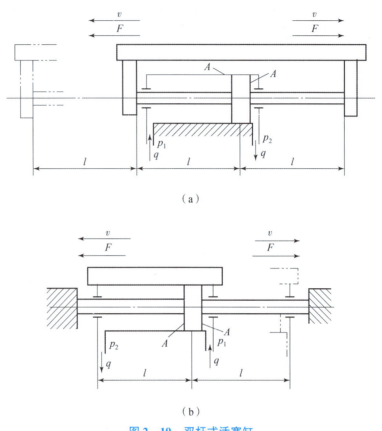

（a）

（b）

图 2－19　双杆式活塞缸
（a）缸体固定式；（b）活塞杆固定式

2）单杆式活塞缸。

如图 2－20 所示，单杆式活塞缸只有一端带活塞杆，它也有缸体固定式和活塞杆固定式两种形式，但它们的工作台移动范围都是活塞有效行程的 2 倍。

单杆式活塞缸由于活塞两端有效面积不等，因此如果相同流量的液压油分别进入液压缸的左、右腔，则活塞移动的速度与进油腔的有效面积成反比，即油液进入无杆腔时有效面积大、速度慢，进入有杆腔时有效面积小、速度快；而活塞上产生的推力则与进油腔的有效面积成正比。

如图 2－21 所示，如果向单杆式活塞缸的左、右两腔同时通液压油，即所谓的差动连接，则做差动连接的单杆式活塞缸称为差动液压缸。开始工作时差动液压缸左、右两腔的油液压力相同，但是由于左腔（无杆腔）的有效面积大于右腔（有杆腔）的有效面积，故活塞向右运动，同时右腔中排出的油液流量也进入左腔，加大了流入左腔的流量，从而加快了活塞移动的速度。实际上活塞在运动时，由于差动液压缸两腔间的管路中有压力损失，所以右腔中油液的压力稍大于左腔中油液的压力，而这个差值一般都较小，可以忽略不计。

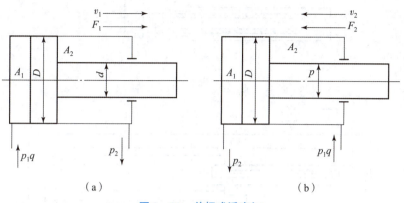

（a）   （b）

图 2 – 20　单杆式活塞缸

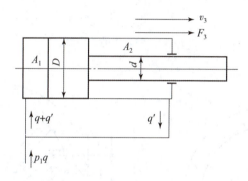

图 2 – 21　差动液压缸

由此可知，差动连接时液压缸的推力比非差动连接时液压缸的推力小，差动连接时的速度比非差动连接时的速度大，利用这一点，可在不加大油液流量的情况下得到较快的运动速度。这种连接方式广泛应用于组合机床的液压动力滑台和其他机械设备的快速运动中。

如果要求快速运动和快速退回速度相等，则

$$D = \sqrt{2}d \tag{2 – 14}$$

（2）柱塞缸。

柱塞缸是一种单作用液压缸，其工作原理如图 2 – 22 所示。柱塞与工作部件连接，缸体固定在机体上。当液压油进入缸体时，推动柱塞带动工作部件向右运动，但反向退回时必须靠其他外力或自重驱动。柱塞缸通常成对反向布置使用，如图 2 – 22（b）所示。

柱塞缸的主要特点是柱塞与缸体无配合要求，缸体内孔不需要精加工，甚至可以不加工。运动时由缸盖上的导向套来导向，所以它特别适用于行程较长的场合。

（3）摆动缸。

摆动缸也称摆动液压马达。当它通入液压油时，它的主轴能输出小于 360° 的摆动运动，常用于夹具夹紧装置、送料装置、转位装置及需要周期性供给的系统中。图 2 – 23（a）所示为单叶片式摆动缸，它的摆动角度较大，可达 300°。图 2 – 23（b）所示

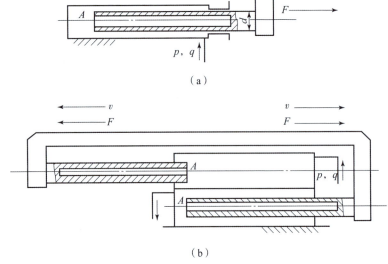

（a）

（b）

图 2－22　柱塞缸的工作原理

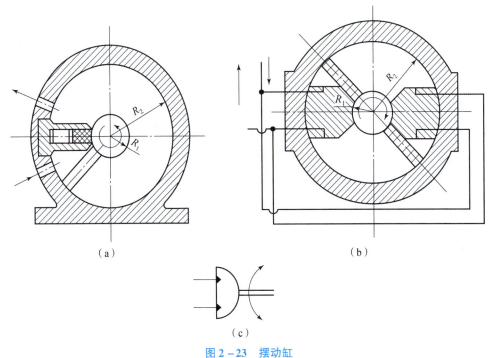

（a）　　　　　　　　　（b）

（c）

图 2－23　摆动缸

（a）单叶片式摆动缸；（b）双叶片式摆动缸；（c）图形符号

为双叶片式摆动缸，它的摆动角度较小，一般小于 150°，其输出转矩是单叶片式摆动缸输出转矩的 2 倍，而其角速度则是单叶片式摆动缸角速度的 1/2。

新技术、新工艺

　　液压缸缸体内孔加工工序是关键工序质量控制点。组合刀具内孔切削加工的稳定性和可靠性，直接影响到加工缸体的母线直线度、孔加工精度及表面粗糙度。刚体内孔加工切削的稳定性主要取决于刀具本身结构的合理设计，当刀具支承长度小于内孔直径时，刀具加工时的切削稳定性较差；当刀具支承长度等于缸体直径时，刀具的切削稳定性明显提高；当组合刀具支承长度大于 2 倍缸体内孔直径时，其切削稳定性就更可靠，整个组合刀具切削加工过程平稳，刀具按导向套的引导进行缸体深孔加工，从而保证了缸体加工精度、表面粗糙度和母线的直线度。

 任务实施

通过对液压缸相关资料的查阅和知识的了解，对液压缸进行拆卸，确定故障原因并进行维修。液压缸常见故障有推力不足、工作速度太慢、活塞杆（或液压缸）不能运动，推不动，油液泄漏等，其常见故障分析及排除方法见表 2 – 1。

表 2 – 1　液压缸的常见故障及排除方法

故障现象	故障分析	排除方法
推力不足、、工作速度太慢	（1）液压系统压力较低； （2）缸体孔与活塞外圆配合间隙太大，造成活塞两端高、低压油互通； （3）液压系统泄漏，造成压力和流量不足； （4）两缸盖内的密封圈压得太紧； （5）缸体孔与活塞外圆配合间隙太小，或开槽太浅，装上 O 形密封圈后阻力太大； （6）活塞杆弯曲； （7）液压缸两端油管因装配不良被压扁； （8）导轨润滑不良	（1）调整溢流阀，使液压系统压力保持在规定范围内； （2）根据缸体孔的尺寸重配活塞； （3）检查液压系统内泄漏部位，紧固各管接头螺母，或更换纸垫、密封圈； （4）适当放松压紧螺钉，以缸盖封油圈不泄漏为限； （5）重配缸体与活塞的配合间隙，车深活塞上的槽； （6）校正活塞杆，全长误差在 0.2 mm 以内； （7）更换油管，装配位置要合适，避免被压扁； （8）润滑导轨
活塞杆（或液压缸）不能运动	（1）液压缸长期不用，产生锈蚀； （2）活塞上装的 O 形型密封圈老化、失效，导致内泄漏严重； （3）液压缸两端密封圈损坏； （4）脏物进入滑动部位； （5）液压缸内孔精度差、表面粗糙度值大或磨损，使内泄漏增大； （6）液压缸装配质量差	重新装配和安装液压缸，或更换不合格零件
推不动	柱塞严重划伤	小型柱塞更换新件；大型柱塞用堆焊修复柱塞表面深坑，采用刷镀修复大面积划伤的工作表面

故障现象	故障分析	排除方法
油液泄漏	柱塞与缸体间隙过大	对柱塞进行刷镀可以减少间隙。也可以采用增加一道O形密封圈并修改密封圈沟槽尺寸，使O形密封圈有足够的压缩量

任务四 外圆磨床液压油泄漏故障排除

学习目标

1. 知识目标

（1）掌握液压油的作用、性质。

（2）掌握液压油的选用方法。

（3）掌握液压油的污染及控制措施。

2. 技能目标

（1）能够为M1432万能外圆磨床液压系统选择合适的液压油。

（2）能够定期更换和清洁液压油。

3. 素质目标

（1）具有国家标准、行业标准意识。

（2）具有规范操作意识。

液压油泄漏故障
排除微课

任务描述

液压系统中的工作液体在液压元件（包括管道）的容腔内流动或者暂存，循环的液体应限于规定的容腔内，然而由于某些原因，有部分液压油超过容腔边界流出，液体的"越界流出"现象称为泄漏。

知识储备

一、液压油

1. 液压油的物理性质

（1）液体的密度。

密度：$\rho = m/V$，单位为 kg/m^3。

（2）液体的黏性。

液体在外力作用下流动时，由于液体分子间的内聚力而产生一种阻碍液体分子之间进行相对运动的内摩擦力，这一特性称为黏性。

实验测定指出，如图 2 – 24 所示，液体流动时相邻液层间的内摩擦力 F 与液层间的接触面积 A 和液层间的相对速度 du 成正比，而与液层间的距离 dy 成反比，即

$$F = \mu A \frac{du}{dy} \qquad (2-15)$$

式中，μ 为比例常数，称为黏性系数或黏度；$\dfrac{du}{dy}$ 为速度梯度。

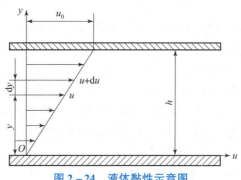

图 2 – 24　液体黏性示意图

黏度的分类：黏度是衡量液体黏性的指标。常用的黏度有动力黏度、运动黏度和相对黏度。

1）动力黏度 μ。

动力黏度 μ 在物理意义上讲，是当速度梯度 $du/dy = 1$ 时，单位面积上的内摩擦力的大小，即

$$\mu = \tau \frac{dy}{du} \qquad (2-16)$$

它直接表示流体的黏性，即内摩擦力的大小。

2）运动黏度 ν。

运动黏度是动力黏度 μ 与液体密度 ρ 的比值，即 $\nu = \mu/\rho$。

运动黏度 ν 没有什么明确的物理意义，因在理论分析和计算中常遇到 μ/ρ 的比值，故为方便起见用 ν 表示。

3）相对黏度。

相对黏度又称条件黏度。各国采用的相对黏度单位有所不同。有的国家采用赛氏黏度，有的国家采用雷氏黏度，我国采用恩氏黏度。

2. 液体的可压缩性

液体受压力作用而体积减小的特性称为液体的可压缩性。可压缩性用体积压缩系数 κ 表示，并定义为单位压力变化下液体体积的相对变化量。设体积为 V_0 的液体，其压力变化量为 Δp 时，液体体积减小 ΔV，则体积压缩系数为

$$\kappa = -\frac{1}{\Delta p} \cdot \frac{\Delta V}{V_0} \qquad (2-17)$$

3. 其他性质

（1）压力对黏度的影响。

在一般情况下，压力对黏度的影响比较小。当液体所受的压力加大时，分子之间

的距离缩小，内聚力增大，其黏度也随之增大。

（2）温度对黏度的影响。

液压油黏度对温度的变化是十分敏感的，当温度升高时，其分子之间的内聚力减小，黏度随之降低。

二、对液压油的要求及选用

1. 对液压油的要求

（1）适宜的黏度和良好的黏温性能，一般液压系统所用的液压油其黏度范围为

$$\nu = 11.5 \times 10^{-6} \sim 35.3 \times 10^{-6} \ \text{m}^2/\text{s} \quad (2 \sim 5°\text{E}50) \qquad (2-18)$$

（2）润滑性能好，在液压传动机械设备中，除液压元件外，其他一些有相对滑动的零件也要用液压油润滑，因此，液压油应具有良好的润滑性能。

（3）良好的化学稳定性，即对热、氧化、水解、相容都具有良好的稳定性。

（4）对液压装置及相对运动的元件具有良好的润滑性。

（5）对金属材料具有防锈性和防腐性。

（6）比热、热传导率大，热膨胀系数小。

（7）抗泡沫性好，抗乳化性好。

（8）油液纯净，含杂质量少。

（9）流动点和凝固点低，闪点（明火能使油面上的油蒸气内燃，但油本身不燃烧的温度）和燃点高。

2. 选用

正确且合理地选用液压油，是保证液压设备高效率正常运转的前提。

选用液压油时，可根据液压元件生产厂家样本和说明书所推荐的品种号数来选用，或者根据液压系统的工作压力、工作温度，液压元件的种类及经济性等因素全面考虑。一般是先确定适用的黏度范围，再选择合适的液压油品种。同时还要考虑液压系统工作条件的特殊要求，如在寒冷地区工作的系统要求油的黏度系数高、低温流动性好、凝固点低；伺服系统则要求油质纯、压缩性小；高压系统则要求油液抗磨性好。

 任务实施

1. 故障排除

接到排除外圆磨床液压油泄漏故障任务后，通过磨床实物，仔细观察故障现象，分析故障产生原因，最后排除故障。

（1）演示 M1432 万能外圆磨床的工作过程，观察液压油泄漏故障现象，并写出可能产生故障的原因。

（2）指出液压油泄漏故障并记录故障。

（3）通过诊断，确定故障产生的原因。

（4）请结合外圆磨床实物和维修手册，根据外圆磨床液压系统组成，对找出的油液泄漏点进行记录，完成表 2-2。

表 2 - 2　液压油泄漏点

名称	位置	原因

2. 列举液压油性质和种类

（1）写出液压油性质有哪些。

（2）请说出液压油种类有哪些。

3. 选择液压油及污染防治

（1）请为 M1432 万能外圆磨床选择合适的液压油。

（2）由于油液清洁度差而造成泄漏，说出防治与排除方法。

（3）由于油液温度不合适而造成泄漏，说出防治与排除方法。

任务五　外圆磨床液压冲击故障排除

学习目标

1. 知识目标

（1）掌握压力损失的种类。

（2）掌握液压冲击的产生原因及防治措施。

（3）了解液体的力学规律。

2. 技能目标

（1）能够分析产生液压冲击的原因。

（2）能够排除液压冲击故障。

3. 素质目标

（1）具有国家标准、行业标准意识。

（2）具有规范操作意识。

液压冲击故障
排除微课

任务描述

液压冲击是指液压系统在工作时，由于某种原因（如速度急剧变化），引起压力突然急剧上升，形成很高压力峰值的现象。

液压冲击容易引起工作机械振动，产生噪声；导致某些元件（如密封装置、管路等）损坏；还会使某些元件（如压力继电器、顺序阀等）产生误动作，甚至可能损毁设备。

知识储备

一、流体静力学

1. 液体静压力及其特性

所谓液体静压力是指静止液体单位面积上所受的法向力，用 F 表示。

液体内某质点处的法向力 ΔF 对其微小面积 ΔA 的极限称为压力 p，即

$$p = \lim_{\Delta A \to 0} \frac{\Delta F}{\Delta A} \tag{2-19}$$

液体静压力具有下述两个重要特征。

（1）液体静压力垂直于作用面，其方向与该面的内法线方向一致。

（2）静止液体中，任何一点所受到的各方向的静压力都相等。

2. 液体静力学方程

静止液体内部受力情况可用图 2-25 来说明。

平衡方程为

$$p\mathrm{d}A = p_0\mathrm{d}A + \rho g h \mathrm{d}A \tag{2-20}$$

得

$$p = p_0 + \rho g h \tag{2-21}$$

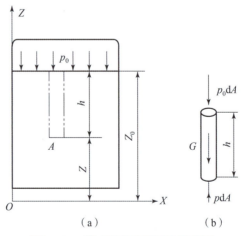

图 2-25　静止液体内部受力示意图

3. 压力的表示方法及单位

液压系统中的压力就是指压强，液体压力通常有绝对压力、相对压力（表压力）、真空度三种表示方法。以绝对真空为基准零值时所测得的压力，称为绝对压力；相对于大气压力（即以大气压力为基准零值时）所测得的压力，称为相对压力或表压力；

某点的绝对压力比大气压力小的那部分数值称为该点的真空度。

绝对压力、相对压力、真空度的关系如下。

（1）绝对压力 = 大气压力 + 相对压力。

（2）相对压力 = 绝对压力 – 大气压力。

（3）真空度 = 大气压力 – 绝对压力。

压力单位为帕［斯卡］，简称帕，符号为 Pa，$1\ Pa = 1\ N/m^2$。由于此单位很小，工程上使用不便，因此，常采用它的倍单位兆帕，符号为 MPa。

4. 帕斯卡原理

如图 2 – 26 所示，密封容器内的静止液体，当边界上的压力 p_0 发生变化时，如增加 Δp，则容器内任意一点的压力将增加同一数值 Δp，也就是说，在密封容器内施加于静止液体任一点的压力将以等值传到液体各点。这就是帕斯卡原理或静压传递原理。

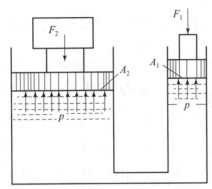

图 2 – 26   帕斯卡原理图

二、流体力学

1. 基本概念

（1）理想液体。

理想液体是指没有黏性、不可压缩的液体。既具有黏性又可压缩的液体称为实际液体。

（2）恒定流动。

如果液体在空间上的运动参数 p、v 及 ρ 在不同时间内都有确定值，即它们只随空间点坐标的变化而变化，不随时间 t 变化，则液体的这种运动称为定常流动或恒定流动。

2. 迹线、流线、流管、流束和通流截面

流线和流束如图 2 – 27 所示。

（1）迹线：流场中液体质点在一段时间内的运动轨迹线称为迹线。

（2）流线：流场中液体质点在某一瞬间运动状态的一条空间曲线称为流线。在该线上各点的液体质点的速度方向与曲线在该点的切线方向重合。

（3）流管：某一瞬时时间 t 在流场中画一封闭曲线，经过曲线的每点作流线，由这些流线组成的表面称流管。

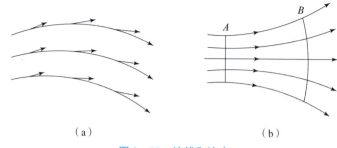

（a）   （b）

图 2 - 27　流线和流束

（a）流线；（b）流束

（4）流束：充满在流管内的流线的总体称为流束。

（5）通流截面：垂直于流束的截面称为通流截面。

3. 流量和平均流速

（1）流量：单位时间内通过通流截面的液体体积称为流量，用 q 表示，流量的常用单位为升/分钟（L/min）。

对微小流束，通过 $\mathrm{d}A$ 上的流量为 $\mathrm{d}q$，其表达式为

$$\mathrm{d}q = u\mathrm{d}A \tag{2-22}$$

流过整个通流截面的流量为

$$q = \int_A u\mathrm{d}A \tag{2-23}$$

当已知通流截面上流速 u 的变化规律时，可以由式（2-23）求出实际流量。

（2）平均流速：假设通流截面上流速均匀分布，用 v 来表示，得

$$q = \int_A u\mathrm{d}A = vA \tag{2-24}$$

则平均流速为

$$v = q/A \tag{2-25}$$

4. 流动状态、雷诺数

（1）流动状态——层流和湍流。

层流：在液体运动时，如果液体质点没有横向脉动，则不引起液体质点混杂，而是层次分明，能够维持安定的流束状态，这种流动称为层流。

湍流：如果液体流动时液体质点具有脉动速度，则会引起流层间液体质点相互错杂交换，这种流动称为紊流或湍流。

（2）雷诺数。

液体流动时究竟是层流还是紊流，须用雷诺数来判别。

实验证明，液体在圆管中的流动状态不仅与管内的平均流速 v 有关，还和管径 d、液体的运动黏度 ν 有关。但是，真正决定液体流动状态的，是这三个参数所组成的一个称为雷诺数 Re 的无量纲纯数

$$Re = vd/\nu \tag{2-26}$$

5. 连续性方程

质量守恒是自然界的客观规律，不可压缩液体的流动过程也遵守能量守恒定律。在流体力学中这个规律是用称为连续性方程的数学形式来表达的。

如图 2-28 所示，其中不可压缩流体作恒定流动的连续性方程为

$$v_1 A_1 = v_2 A_2 \tag{2-27}$$

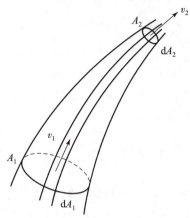

图 2-28　连续性方程

由于通流截面是任意取的，则有

$$q = v_1 A_1 = v_2 A_2 = v_3 A_3 = \cdots = v_n A_n = C（常数） \tag{2-28}$$

式中，v_1，v_2 分别为流管通流截面 A_1 及 A_2 上的平均流速。式（2-28）表明通过流管内任一通流截面上的流量相等，当流量一定时，任一通流截面上的通流面积与流速成反比。则有任一通流截面上的平均流速为

$$v_i = q/A_i \tag{2-29}$$

6. 伯努利方程

（1）理想液体的伯努利方程如图 2-29 所示。

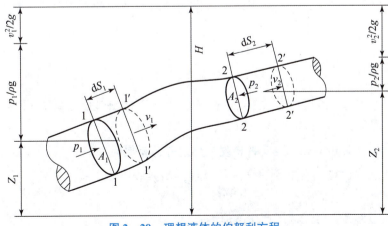

图 2-29　理想液体的伯努利方程

由理论推导可得到理想液体的伯努利方程为

$$p_1 + \rho g z_1 + \frac{1}{2}\rho v_1^2 = p_2 + \rho g z_2 + \frac{1}{2}\rho v_2^2 \qquad (2-30)$$

由于流束的 A_1、A_2 通流截面是任取的，因此，伯努利方程表明，在同一流束各通流截面上参数 z、$\dfrac{p}{\rho g}$ 及 $\dfrac{v^2}{2g}$ 的和是常数，即

$$\frac{p}{\rho g} + z + \frac{v^2}{2g} = C \quad (C \text{ 为常数}) \qquad (2-31)$$

伯努利方程的物理意义为：在密封管道内做恒定流动的理想液体在任意一个通流截面上具有三种形成的能量，即压力能、势能和动能。三种能量的总和是一个恒定的常量，而且三种能量之间是可以相互转换的，即在不同的通流截面上，同一种能量的值是不同的，但各断面上的总能量值都是相同的。

三、液压冲击及空穴现象

1. 液压冲击现象

在液压系统中，当快速换向或关闭液压回路时，会使液体流动速度急速改变（变向或停止），而流动液体的惯性或运动部件的惯性，会导致系统内的压力发生突然升高或降低，这种现象称为液压冲击（水力学中称为水锤现象）。在研究液压冲击时，必须把液体当作弹性物体，同时还须考虑管壁的弹性。

2. 空穴现象

一般液体中溶解有空气，水中溶解有约 2% 体积的空气，液压油中溶解有 6% ~ 12% 体积的空气。呈溶解状态的气体对油液体积弹性模量没有影响，呈游离状态的小气泡则对油液体积弹性模量产生显著的影响。空气的溶解度与压力呈正比。当压力降低时，原先压力较高时溶解于油液中的气体成为过饱和状态，于是就分解出游离状态微小气泡，其速率是较低的，但当压力低于空气分离压 p_g 时，溶解的气体就要以很高的速度分解出来，成为游离微小气泡，并聚合长大，使原来充满油液的管道变为混有许多气泡的不连续状态，这种现象称为空穴现象。油液的空气分离压随油温及空气溶解度而变化，当油温 $t = 50\ ℃$ 时，$p_g < 4 \times 10^6\ \text{Pa}$（绝对压力）。

 任务实施

在接到外圆磨床液压冲击故障排除的任务后，通过 M1432 万能外圆磨床实物，仔细观察故障现象，分析故障产生原因，最后排除故障。

1. 观察液压冲击故障，确定冲击发生位置并分析原因

（1）演示 M1432 万能外圆磨床工作过程，观察液压冲击故障现象，并写出可能产生故障的原因。

（2）通过诊断，确定故障产生的原因。

请结合外圆磨床实物和维修手册，根据外圆磨床液压系统组成，指出液压冲击现象和发生位置，然后完成表 2-3。

表 2 – 3　液压冲击故障记录

名称	发生位置	原因

2. 认识压力损失、液压冲击和空穴并排除故障

（1）写出压力损失的种类并解释什么是液压冲击。

（2）说出液压冲击及空穴产生的原理。

（3）排除液压冲击故障，并说出液压冲击故障防治及排除方法。

（4）检查并记录故障排除效果。

项目三　液压机液压系统运行与维修

　　液压压力机（简称液压机）（见图 3-1）是机械制造业中广泛应用的压力加工设备，常用来完成可塑性材料的锻压工艺及加压成型过程，如金属件冲压、弯曲、翻边、薄板拉伸，以及塑料、橡胶、粉末冶金的压制等。液压机利用液压系统实现主缸和顶出缸的运动控制，并可以改变加压的大小、行程与速度，因此，能满足各种压力加工工艺要求。

图 3-1　YN28-315Z 液压机

　　本项目选取 4 种常见的液压机运行故障诊断与维修作为学习任务，通过学习掌握以下学习目标。

 学习目标

1. 知识目标

（1）认识液压机液压系统组成、工作原理及特点。

（2）掌握液压机液压系统常见故障及排除方法。

（3）掌握方向控制阀、压力控制阀的结构、原理和特点。

（4）掌握方向控制基本回路、压力控制基本回路的结构形式、特性及应用。

2. 技能目标

（1）能够阅读和分析液压机液压系统的原理图。

（2）能够准确、快速排除液压机液压系统常见故障。

（3）能够合理选用方向控制阀、压力控制阀实现液压回路的控制要求。

3. 素质目标

（1）具有收集、整理资料，从众多资料中搜集有用信息的能力和习惯。

（2）具有标准意识，严格遵守国家标准、行业标准，进行规范操作。

（3）善于思考，能够进行设备的改进，减少故障的发生和提高工作效率。

（4）学生在实践教学环节中，严格执行实验室的操作规范，培养良好的设备安全操作习惯。

 任务一　YN28-315Z液压机系统认知

 学习目标

1. 知识目标

（1）了解 YN28 – 315Z 液压机液压系统的工作原理。

（2）了解 YN28 – 315Z 液压机常见的故障现象。

（3）熟悉 YN28 – 315Z 液压机的工作过程。

2. 技能目标

能够分析 YN28 – 315Z 液压机的工作过程。

3. 素质目标

培养收集、整理资料，从众多资料中搜集有用信息的能力和习惯。

YN28 – 315Z 液压机
的认知微课

 任务描述

某企业购进一台 YN28 – 315Z 液压机，为了让设备更好地服务企业日常生产运作，请通过查阅相关资料和文献了解该设备的相关技术参数、操作方法、工作过程及其液压系统构成，从而熟悉液压机液压系统工作原理及常见的故障现象。

 知识储备

一、YN28 – 315Z 液压机技术参数

YN28 – 315Z 液压机技术参数见表 3 – 1。

表 3 – 1　YN28 –315Z 液压机技术参数

项目		单位	参数值
压力	公称压力	kN	3 150
	主缸回程力	kN	640
	顶出缸顶出力	kN	1 000/630
	顶出缸回程力	kN	330/270
	油液额定工作压力	MPa	25
行程	滑块最大行程	mm	800
	顶出缸最大行程	mm	450/400
速度	滑块速度 空程快行	mm/s	≥120
	滑块速度 空程慢行	mm/s	12
	滑块速度 工作	mm/s	5 ~ 12
	滑块速度 回程	mm/s	65
	顶出缸速度 顶出	mm/s	40/65
	顶出缸速度 回程	mm/s	100/120

二、YN28 –315Z 液压机的结构

YN28 –315Z 液压机为立式结构四柱液压机，如图 3 – 2 所示。其由机身、主缸、顶出缸通过液压动力系统和电气系统连接而构成一个整体，各部分组成简介如下。

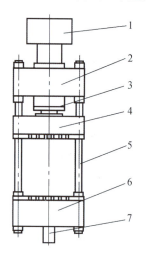

图 3 – 2　YN28 –315Z 液压机结构

1—充液箱；2—上横梁；3—主缸；4—上滑块；5—立柱；6—工作台；7—顶出缸

1. 机身

机身由上横梁、上滑块、工作台用 4 根立柱相连，通过螺母紧固，组成一封闭式刚性框架，上滑块与主缸活塞杆连接，以立柱为导向，做上下移动。上滑块设有加油孔定时加油，以便润滑运动部位，上滑块下平面和工作台上平面开有 T 形槽，供安装模具用。

2. 主缸

主缸为活塞式液压缸，主缸靠下部台肩和上部螺母紧固于上横梁内，活塞杆下端则通过螺母及螺栓与滑块连接，当主缸上腔或下腔进油时，带动滑块下行或回程。

3. 顶出缸

顶出缸装于工作台内，其结构与主缸相似。

4. 液压动力系统

液压动力系统由动力元件（液压泵）、执行元件（液压缸）、控制元件（液压阀）、辅助元件（油箱、充液箱、管路）等组成，借助电气系统控制，驱动滑块和顶出缸活塞运动，完成各种工艺动作。

5. 滑块的行程限位装置

滑块的行程限位装置由三个行程限位开关及三个接近开关和导板、撞块、支架等零件组成，调节相应撞块的位置，即可改变滑块在上下端的停止位置和快速转慢速的转换位置。调好后，应将锁紧螺母锁紧。

6. 滑块的锁紧装置

滑块锁紧/松开操作，除"单次"位为一次性操作外，"调整"位为寸动。

（1）滑块锁紧：无论滑块处在什么位置，都可直接操作滑块锁紧。按压"锁紧"按钮，如果滑块不在上极限位，则滑块将先慢回程至上极限位，回程停止，锁紧缸开始锁紧，锁紧到位，指示灯亮，滑块锁紧结束。如果滑块已处在上极限位，则按压"锁紧"按钮，锁紧缸将直接锁紧。

（2）滑块松开：当滑块锁紧后需要松开时，按压"解锁"按钮，指示灯亮，方可操作松开。滑块锁紧后若长期未使用液压机，则滑块有可能下沉。

三、YN28-315Z 液压机工作过程

液压机的主要运动是上滑块机构和下滑块顶出机构的运动，上滑块机构由主缸（上缸）驱动，顶出机构由顶出缸（下缸）驱动。液压机的上滑块机构通过 4 根导柱导向、主缸驱动，实现"快速下行→慢速加压→保压延时→快速回程→原位停止"的动作循环。下缸布置在工作台中间孔内，驱动下滑块顶出机构实现"向上顶出→向下退回"或"浮动压边下行→停止→顶出"的两种动作循环，如图 3-3 所示。

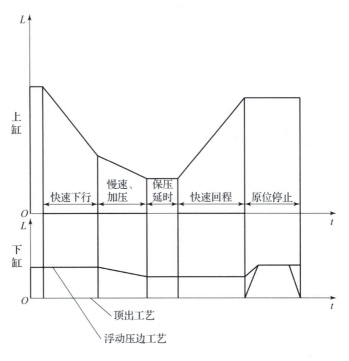

图 3 – 3 液压机的动作循环图

四、YN28 – 315Z 液压机的液压系统

图 3 – 4 所示为 YN28 – 315Z 液压机液压系统，该系统采用主、辅泵供油方式。主泵 1 是一个高压、大流量、恒功率控制的压力反馈变量柱塞泵，远程调压阀 5 控制高压溢流阀 4 限定系统最高工作压力，其最高压力可达 32 MPa；辅助泵 2 是一个低压小流量定量泵（与主泵为单轴双联结构），其作用是为电液换向阀 21、液控卸荷阀 12 换向和为液控单向阀 9 的正确动作提供控制油源，辅助泵的压力由低压溢流阀 3 调定。液压机的工作特点是上缸 16 竖直放置，当上滑块组件没有接触到工件时，系统为空载高速运动；当上滑块组件接触到工件后，系统压力急剧升高，且上缸的运动速度迅速降低，直至为零，进行保压。

液压机液压系统以压力控制为主，系统具有高压、大流量、大功率的特点。如何提高系统效率，防止系统产生液压冲击是该系统设计中需要注意的问题。

（1）该液压机采用高压、大流量、恒功率控制的压力反馈变量柱塞泵供油，利用系统工作过程中的工作压力变化来自动调节主泵的输出流量与主缸的运动状态，既符合工艺要求，又节省能量。

（2）该液压机采用密封性能好的单向阀保压，为减少由保压转换为快速回路时的液压冲击，系统采用液控卸荷阀 12 和带卸荷阀芯的充液阀 14 组成的泄压回路。

五、YN28 – 315Z 液压机液压系统工作原理

表 3 – 2 为 YN28 – 315Z 液压机液压系统动作循环表，该系统的工作原理如下。

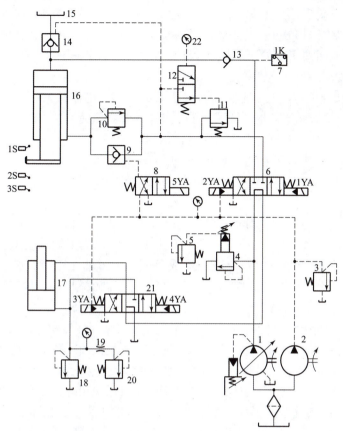

图 3-4　YN28-315Z 液压机液压系统

1—主泵；2—辅助泵；3、4、18—溢流阀；5—远程调压阀；6、21—电液换向阀；7—压力继电器；
8—电磁换向阀；9—液控单向阀；10、20—背压阀；11—顺序阀；12—液控卸荷阀；13—单向阀；
14—充液阀；15—油箱；16—上缸；17—下缸；19—节流器；22—压力表

表 3-2　YN28-315Z 液压机液压系统动作循环表

动作程序		1YA	2YA	3YA	4YA	5YA
上缸	快速下行	+	−	−	−	+
	慢速加压	+	−	−	−	−
	保压	−	−	−	−	−
	泄压回程	−	+	−	−	−
	停止	−	−	−	−	−
下缸	顶出	−	−	+	−	−
	退回	−	−	−	+	−
	浮动压边	+	−	−	−	−
	停止	−	−	−	−	−
注："+"表示电磁铁通电；"−"表示电磁铁断电。						

（1）启动。如图 3-4 所示，按下"启动"按钮，主泵 1 和辅助泵 2 同时启动，此时系统中所有电磁铁均处于失电状态，主泵 1 输出的油液经电液换向阀 6 中位及电液换向阀 21 中位流回油箱（处于卸荷状态），辅助泵 2 输出的油液经低压溢流阀 3 流回油箱，系统实现空载启动。

（2）上缸快速下行。按下上缸"快速下行"按钮，电磁铁 1YA、5YA 得电，电液换向阀 6 换右位接入系统，控制油液经电磁换向阀 8 右位使液控单向阀 9 打开，上缸带动上滑块实现空载快速运动。此时系统的油液流动情况如下。

进油路：主泵 1→电液换向阀 6 右位→单向阀 13→上缸 16 上腔。

回油路：上缸 16 下腔→液控单向阀 9→电液换向阀 6 右位→电液换向阀 21 中位→油箱 15。

由于上缸 16 竖直安放，且上滑块组件的质量较大，上缸 16 在上滑块组件自重的作用下快速下降，此时主泵 1 虽处于最大流量状态，但仍不能满足上缸 16 快速下降的流量需要，因此，在上缸 16 上腔会形成负压，上部油箱 15 的油液在一定的外部压力的作用下，经充液阀（液控单向阀）14 进入上缸 16 上腔，实现对上缸 16 上腔的补油。

（3）上缸慢速接近工件并加压。当上滑块组件下降至一定位置时（事先调好），压下行程开关 2S 后，电磁铁 5YA 失电，电液换向阀 8 左位接入系统，使液控单向阀 9 关闭，上缸 16 下腔油液经背压阀 10、电液换向阀 6 右位、电液换向阀 21 中位回油箱。这时，上缸 16 上腔压力升高，充液阀 14 关闭。上缸滑块组件在主泵 1 供给的液压油作用下慢速接近要压制成型的工件。当上滑块组件接触工件后，由于负载急剧增加，使上缸 16 上腔压力进一步升高，主泵（压力反馈恒功率柱塞变量泵）1 的输出流量将自动减小。此时系统的油液流动情况如下。

进油路：主泵 1→电液换向阀 6 右位→单向阀 13→上缸 16 上腔。

回油路：上缸 16 下腔→背压阀 10→电液换向阀 6 右位→电液换向阀 21 中位→油箱 15。

（4）保压。当上缸上腔压力达到预定值时，压力继电器 7 发出信号，使电磁铁 1YA 失电，电液换向阀 6 回中位，上缸 16 的上、下腔封闭，由于充液阀 14 和单向阀 13 具有良好的密封性能，使上缸 16 上腔实现保压，其保压时间由压力继电器 7 控制的时间继电器调整实现。在上缸 16 上腔保压期间，主泵 1 经由电液换向阀 6 中位和电液换向阀 21 中位后卸荷。

（5）上缸上腔泄压回程。当保压过程结束，时间继电器发出信号，电磁铁 2YA 得电，电液换向阀 6 左位接入系统。由于上缸 16 上腔压力很高，液控卸荷阀 12 上位接入系统，因此液压油经电液换向阀 6 左位、液控卸荷阀 12 上位使顺序阀 11 开启，此时主泵 1 输出油液经顺序阀 11 流回油箱 15。主泵 1 在低压下工作，由于充液阀 14 的阀芯为复合式结构，具有先卸荷再开启的功能，所以充液阀 14 在主泵 1 较低压力的作用下，只能打开其阀芯上的卸荷针阀，使上缸 16 上腔的很小一部分油液经充液阀 14 流回油箱 15，上缸 16 上腔压力逐渐降低，当该压力降到一定值后，液控卸荷阀 12 下位接入系统，顺序阀 11 关闭，主泵 1 供油压力升高，使充液阀 14 完全打开，此时系统的液体流动情况如下。

进油路：主泵1→电液换向阀6左位→液控单向阀9→上缸16下腔。

回油路：上缸16上腔→充液阀14→上部油箱15。

（6）上缸原位停止。当上缸滑块组件上升至行程挡块压下行程开关1S时，电磁铁2YA失电，电液换向阀6中位接入系统，液控单向阀9将上缸16下腔封闭，上缸16在起点原位停止不动。主泵1输出油液经电液换向阀6、21中位回油箱，主泵1卸荷。

（7）下缸顶出及退回。当电磁铁3YA得电时，电液换向阀21左位接入系统。此时系统的液体流动情况如下。

进油路：主泵1→电液换向阀6中位→电液换向阀21左位→下缸17下腔。

回油路：下缸17上腔→电液换向阀21左位→油箱15。

下缸17活塞上升，顶出压好的工件。当电磁铁3YA失电，4YA得电，电液换向阀21右位接入系统，下缸17活塞下行，使下滑块组件退回到原位。

（8）浮动压边。有些模具工作时需要对工件进行压紧拉伸，当在压力机上用模具作薄板拉伸压边时，要求下滑块组件上升到一定位置，实现上、下模具的合模，使合模后的模具既保持一定的压力将工件夹紧，又能使模具随上滑块组件的下压而下降（浮动压边）。这时，电液换向阀21处于中位，由于上缸16的压紧力远远大于下缸17往上的上顶力，上滑块组件下压时下缸17活塞被迫随之下行，下缸17下腔油液经节流器19和背压阀20流回油箱15，使下缸17下腔保持所需的向上的压边压力。调节背压阀20的开启压力，即可起到改变浮动压边力的作用。下缸17上腔则经电液换向阀21中位从油箱15补油。溢流阀18为下缸17下腔安全阀，只有在下缸17下腔压力过载时才起作用。

 任务实施

液压机液压系统常见的故障及其排除方法见表3-3。

表3-3　液压机液压系统常见的故障及其排除方法

序号	故障现象	原因	排除方法
1	主缸动作失灵	电气接线不牢或松脱	按电气系统要求，检查动作情况，并排除故障
		控制油压力不足	适当调高控制油压力至5 MPa
		主油路压力不足	适当调高主油路压力
		电液换向阀阀芯卡滞而不能换向	可清洗、研磨或更换电液换向阀
2	滑块爬行	系统内积存空气或泵吸空气	检查泵吸油管是否进气，然后多次上下运动并加压，消除积存空气
		导套和立柱配合间隙过小或立柱缺油	立柱上加机油，重新调整精度
3	滑块慢速下行时带压	支承力过大	调整背压阀使上缸上腔不带压，最大不大于1 MPa

序号	故障现象	原因	排除方法
4	停车后滑块下溜严重	缸口密封环渗漏	观察缸口，发现漏油应更换密封环
		锥阀封不严或接头泄漏	检查、研配，并拧紧密封环或接头
5	压力表指针摆动厉害	压力表油路内存有空气	上压时略拧松管接头，放气
		管路机械振动	将管路卡牢
		压力表损坏	更换压力表
6	高压行程速度不够，上压慢	高压泵流量调得过小	按泵的说明进行调整，在25 MPa时泵偏心可调至5格
		高压泵配流盘磨损或烧伤	若泵泄漏量太大（一般不大于7 L/min），则应拆下检查密封环和配油盘，并加以修理
		系统内漏油严重	首先检查充液阀是否关闭，再分别检查各部件密封是否损坏
7	主缸保压泄压太快	缸口密封环渗漏	观察缸口，发现漏油应更换密封环
		参与保压各阀口密封不严	逐一检查并修理
		参与保压管路中接头渗漏	逐一检查并修理
8	不能卸压或卸压时冲击大	延时继电器因本身或控制电路故障未能发出信号，ZDT电子脱扣器未能通电或损坏导致不能泄压	按电气系统要求，检查动作情况，并排除故障
		电液换向阀阀芯卡滞而不能换向，会导致不能卸压	清洗、研磨或更换电液换向阀
		充液阀中的卸载阀不能开启，会导致卸压时冲击大	拆卸、检修充液阀
		液动换向阀和顺序阀卡死在关闭位置，会导致卸压时冲击大	拆卸、检修液动换向阀及顺序阀

 任务二 液压机主缸动作失灵故障排除

 学习目标

1. **知识目标**

（1）熟悉换向阀的职能符号。

（2）掌握换向阀的工作原理、结构特点和应用。

（3）掌握换向阀的滑阀机能和中位机能。

（4）掌握典型换向阀的结构及工作原理。

（5）掌握换向阀常见故障及其排除方法。

（6）掌握液压机主缸动作失灵故障的原因及排除方法。

2. 技能目标

（1）能够分析 YN28 - 315Z 液压机动作失灵故障原因。

（2）能够分析换向阀结构及工作原理，并根据液压参数要求正确选用换向阀。

（3）能够根据液压系统要求选用合适中位机能的三位四通换向阀。

（4）能够排除换向阀常见故障。

3. 素质目标

（1）具有"6S"管理操作规范意识。

（2）具有安全操作意识。

（3）具有国家标准、行业标准意识。

液压机主缸换向失灵、滞后故障排除微课

任务描述

　　液压机在操作过程中出现按下操作按钮时动作失灵的现象。通过分析可能产生该故障的原因有电气接线不牢或松脱，控制油压力不足，主油路压力不足，电液换向阀阀芯卡滞而不能换向等。通过对故障原因的排除，发现是由于电液换向阀卡滞而导致液压机动作失灵。请根据实际情况选定合适的解决方案排除该故障：方案一，对该电液换向阀故障原因进行进一步诊断，并排除其故障；方案二，选用合适的电液换向阀替换该故障的电液换向阀。

子任务一　电液换向阀的故障诊断及维修

任务描述

　　液压机在操作过程中出现按下操作按钮时动作失灵的现象。通过对故障原因的排除，发现是由于电液换向阀卡滞而导致液压机动作失灵。请对该电液换向阀故障原因进行进一步诊断并排除其故障。

知识储备

一、换向阀概述

　　换向阀利用阀芯对阀体的相对运动，使油路接通、关断或变换油液流动的方向，从而实现液压执行元件及其驱动机构的启动、停止或变换运动方向。

典型换向阀的认知与选用微课

液压系统对换向阀的基本要求：液体流经换向阀时的压力损失要小；换向阀上互不相通的通口间的泄漏量要小；换向要平稳、迅速且可靠。

1. 换向阀的分类

根据换向阀阀芯的运动方式、结构特点和控制方式等对换向阀进行如下分类。

按阀芯相对于阀体的运动方式不同，换向阀可分为滑阀和转阀。

按操作方式不同，换向阀可分为手动、机动、电磁动、液动和电液动等。

按阀芯工作时在阀体中所处的位置不同，换向阀可分为二位和三位等。

按所控制的通路数不同，换向阀可分为二通、三通、四通和五通等。

2. 换向阀的结构及工作原理

图3−5所示为滑阀式换向阀的工作原理，当阀芯向右移动一定的距离时，由液压泵输出的液压油从阀的P口经A口输往液压缸左腔，液压缸右腔的油液经B口流回油箱，液压缸活塞向右运动；反之，当阀芯向左移动某一距离时，油液反向流动，活塞向左运动。图3−5（b）为其图形符号。

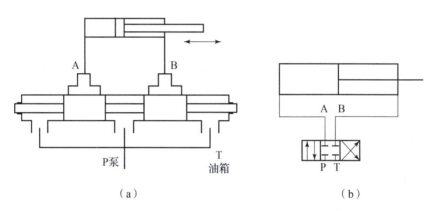

（a） （b）

图3−5 滑阀式换向阀的工作原理图

（a）示意图；（b）图形符号

3. 换向阀的结构形式

换向阀的功能主要由其控制的通路数及工作位置所决定。图3−5所示的换向阀有3个工作位置和4条通路（P、A、B、T），故称为三位四通阀。表3−4为常见滑阀式换向阀主体部分的结构形式。

（1）结构主体。

阀体和滑阀阀芯是滑阀式换向阀的结构主体。以表3−4中末行的三位五通阀为例，阀体上有P、A、B、T_1、T_2共5个通口，阀芯有左、中、右3个工作位置。当阀芯处于其中间位置时，5个通口均关闭；当阀芯移向右端时，通口T_2关闭，通口P和B相通，通口A和T_1相通；当阀芯移向左端时，通口T_1关闭，通口P和B相通，通口A和T_2相通。由于这种结构形式具有使5个通口都关闭的工作状态，故可以使受它控制的执行元件在任意位置上停止运动。

表3-4　常见滑阀式换向阀主体部分的结构形式

名称	结构原理图	类型	图形符号	使用场合	
二位二通阀		二位二通		控制油路的接通与切断（相当于一个开关）	
二位三通阀		二位三通		控制油液流动方向（从一个方向变换到另一个方向）	
二位四通阀		二位四通		不能使执行元件在任意位置停止运动	执行元件正反向运动时回油方式相同
三位四通阀		三位四通		能使执行元件在任意位置停止运动	
二位五通阀		二位五通		不能使执行元件在任意位置停止运动	执行元件正反向运动时可以得到不同的回油方式
三位五通阀		三位五通		能使执行元件在任意位置停止运动	

注：二位四通至三位五通的"控制执行元件换向"为合并列说明。

（2）换向阀的职能符号。

1）换向阀符号的含义如下：用方框表示阀的工作位置，有几个方框就表示几"位"。

2）用方框内的箭头表示该位置上油路处于接通状态，但是箭头方向不一定是油液实际流向。

3）方框内符号"⊥"或"⊤"表示此通路被阀芯封闭，即不通。

4）一个方框的上、下边与外部连接的接口数有几个，就表示几"通"。

5）通常阀与系统供油路连接的进油口用 P 表示，阀与系统回油连接的回油口用 T 表示，而阀与执行元件连接的工作油口则用字母 A、B 表示。

换向阀都有两个或两个以上的工作位置，其中一个是常位，即阀芯未受外部操纵时所处的位置。绘制液压系统图时，油路一般应连接在常位上。

（3）换向阀的操纵方式。

换向阀中阀芯相对于阀体的运动需要有外力操纵来实现，常用的操纵方式有手动式、机动式（滚轮式）、电磁式、直动式和电液式等，其图形符号如图 3 – 6 所示。不同的操纵方式与表 3 – 4 所示的换向阀的位和通路符号组合就可以得到不同的换向阀，如三位四通电磁换向阀、三位五通电磁控制换向阀等。

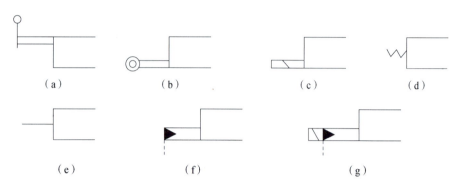

（a）　　　　　　　（b）　　　　　　　（c）　　　　　　　（d）

（e）　　　　　　　（f）　　　　　　　（g）

图 3 – 6　换向阀图形符号

（a）手动式；（b）机动式（滚轮式）；（c）电磁式；（d）弹簧式；（e）直动式；
（f）液压先导控制式；（g）电液式

二、换向阀的典型结构

在液压系统中广泛采用的是滑阀式换向阀，其典型结构有以下几种。

1. 手动换向阀

图 3 – 7 所示为三位四通手动换向阀。手动换向阀是用手操纵杠杆推动阀芯相对阀体移动而改变工作位置。要想维持在极端位置，必须用手扳住手柄不放，一旦松开手柄，阀芯就会在弹簧力的作用下，自动弹回中位。图 3 – 7（a）为弹簧钢球定位式，它可以在 3 个工作位置定位。

2. 机动换向阀

机动换向阀又称行程阀，主要用来控制机械运动部件的行程，借助于安装在工作台上的挡铁或凸轮迫使阀芯运动，从而控制油液流动方向。图 3 – 8 所示为二位二通机动换向阀。

3. 电磁换向阀

电磁换向阀是利用电磁铁的通电吸合与断电释放而直接推动阀芯来控制油液流动方向，它是电气系统和液压系统之间的信号转换元件。

图 3 – 9（a）所示为二位三通电磁换向阀结构图。在图 3 – 9（a）所示位置，进油口 P 和 A 相通，油口 B 断开；当电磁铁通电吸合时，推杆 2 将阀芯 3 推向右端，这时进油口 P 和 A 断开，而与油口 B 相通。当电磁铁断电释放时，弹簧 4 推动阀芯复位。图 3 – 9（b）为其图形符号。

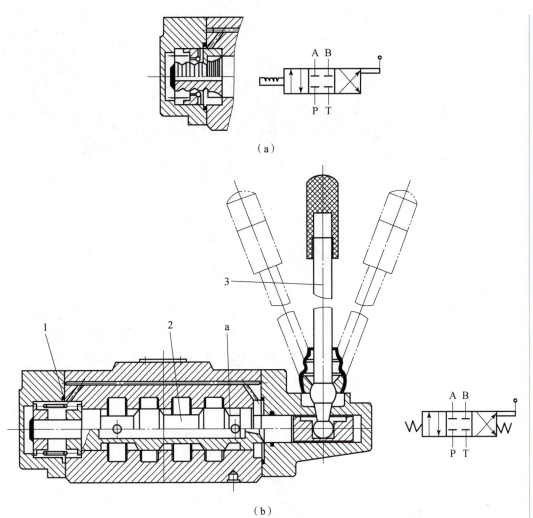

（a）

（b）

图 3 – 7　三位四通手动换向阀

（a）弹簧钢球定位式结构及图形符号；（b）弹簧自动复位式结构及图形符号

1—弹簧；2—阀芯；3—手柄；a—稳压孔

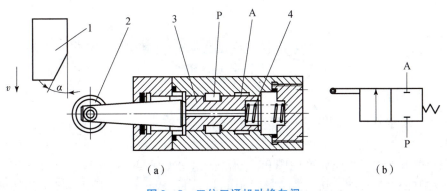

（a）　　　　　　　　　　　　　　　（b）

图 3 – 8　二位二通机动换向阀

（a）结构图；（b）图形符号

1—挡铁；2—滚轮；3—阀芯；4—弹簧

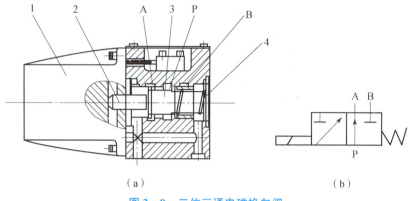

（a）   （b）

图 3-9　二位三通电磁换向阀

（a）结构图；（b）图形符号

1—电磁铁；2—推杆；3—阀芯；4—弹簧

4. 液动换向阀

液动换向阀是利用控制油路的液压油来改变阀芯位置的换向阀。阀芯依靠由其两端密封腔中油液的压差来移动的。如图 3-10 所示，当液压油从 K_2 进入滑阀右腔时，K_1 接通回油，阀芯向左移动，使 P 和 B 相通，A 和 T 相通；当 K_1 接通液压油时，K_2 接通回油，阀芯向右移动，使 P 和 A 相通，B 和 T 相通；当 K_1 和 K_2 都通回油时，阀芯回到中间位置。

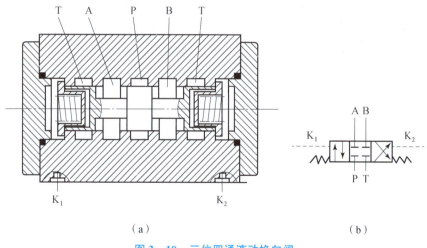

（a）   （b）

图 3-10　三位四通液动换向阀

（a）结构图；（b）图形符号

5. 电液换向阀

在大、中型液压设备中，当通过阀的油液流量较大时，作用在滑阀上的摩擦力和液动力较大，此时电磁换向阀的电磁铁推力相对太小，需要用电液换向阀来代替电磁换向阀。电液换向阀由电磁换向阀和液动滑阀组合而成，电磁滑阀起先导作用，它可以改变控制油液的方向，从而改变液动滑阀阀芯的位置。由于操纵液动滑阀的液压推力可以很大，所以主阀阀芯的尺寸可以做得很大，允许有较大的油液流量通过。这样，用较小的电磁铁就能控制较大的油液流量了。

图 3-11 所示为弹簧对中型三位四通电液换向阀的结构图和图形符号。当先导电磁阀左边的电磁铁通电后，其阀芯向右边位置移动，来自主阀 P 口或外接油口的控制液压油可经先导电磁阀的 A 口和左单向阀进入主阀左端容腔，并推动主阀阀芯向右移动，这时主阀阀芯右端容腔中的控制油液可通过右边的节流阀经先导电磁阀的 B 口和 T 口，再从主阀的 T 口或外接油口流回油箱（主阀阀芯的移动速度可由右边的节流阀调节），使主阀 P 口与 A、B 和 T 的油路相通；反之，先导电磁阀右边的电磁铁通电，可使 P 与 B、A 和 T 的油路相通。先导电磁阀的两块电磁铁均不通电时，先导阀阀芯在其对中弹簧的作用下回到中位，此时来自主阀 P 口或外接油口的控制液压油不再进入主阀阀芯的左、右两容腔，主阀阀芯左、右两容腔的油液通过先导阀中间位置的 A、B 两油口与先导电磁阀 T 口相通，如图 3-11（b）所示，再从主阀的 T 口或外接油口流回油箱。主阀阀芯在两端对中弹簧预压力的推动下，依靠阀体定位，准确地回到中位，此时主阀的油口 P、A、B 和 T 均不通。电液换向阀除了上述弹簧对中型以外，还有液压对中型电液换向阀。在液压对中型电液换向阀中，先导电磁阀在中位时，A、B 两油口均与控制液压油油口 P 连通，而 T 则封闭，其他方面与弹簧对中型电液换向阀基本相似。

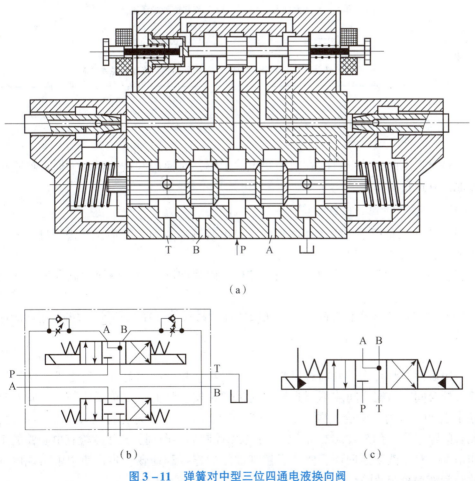

（a）

（b）   （c）

图 3-11 弹簧对中型三位四通电液换向阀

（a）结构图；（b）详细图形符号；（c）简化图形符号

三、换向阀的常见故障及排除方法

换向阀的常见故障有滑阀不换向或换向不灵活、噪声大等。换向阀的常见故障及排除方法见表3-5。

表3-5 换向阀的常见故障及排除方法

故障现象	故障分析	排除方法
滑阀不换向或换向不灵活	滑阀卡死	拆开并清洗脏物、去毛刺
	阀体变形	调节阀体安装螺钉使压紧力均匀或修研阀孔
	具有中间位置的对中弹簧折断	更换弹簧
	操纵压力不够	操纵压力必须大于0.35 MPa
	电磁铁线圈烧坏或电磁铁推力小	检查、修理、更换
	电气线路出故障	消除故障
	液动换向阀控制油路无油或被堵塞	检查原因并消除
电磁铁控制的换向阀作用时噪声大	换向阀卡住或摩擦力过大	修研或调配滑阀
	电磁铁不能压到底	校正电磁铁高度
	电磁铁铁芯接触面不平或接触不良	消除污物，修正电磁铁铁芯

 任务实施

通过对换向阀相关资料的查阅和知识的了解，对换向阀进行拆卸，通过检查确定故障原因并进行维修。

一、电液换向阀的拆卸步骤

（1）用内六角扳手把阀体两侧拆开，取出两侧弹簧和弹簧垫，拧松螺母，取出两侧小弹簧和小滚珠，取出两侧小节流阀。

（2）取出主阀阀芯，用内六角扳手拧松电磁换向阀，使电磁换向阀和液动换向阀分离。

（3）用煤油清洗所有拆卸件，更换损坏件和易损件（密封环等），再按逆向顺序完成组装。

> 提示：
> 组装换向阀时除了要检查密封件是否可靠、弹簧弹力是否合适之外，特别要检查配合间隙。配合间隙不当是换向阀出现机械故障的一个重要原因。当阀芯直径小于20 mm时，配合间隙应为0.008～0.015 mm；当阀芯直径大于20 mm时，配合间隙应为0.015～0.025 mm。对于电磁控制的换向阀，要注意检查电磁铁的工作情况；对于液动换向阀，要注意控制油路的连接和通畅，防止使用中出现电气故障和液动系统故障。

二、电液换向阀常见的故障及排除方法

1. 主阀阀芯不动作

（1）电磁铁故障。

1）电磁铁线圈烧坏：检查原因，进行修理或更换。

2）电磁铁推力不足或漏磁：检查原因，进行修理或更换。

3）电气线路出故障：消除故障。

4）电磁铁未加上控制信号：检查后加上控制信号。

5）电磁铁铁芯卡死：检查或更换铁芯。

（2）先导电磁阀故障。

1）阀芯与阀体孔卡死（如零件几何精度差、阀芯与阀孔配合过紧、油液过脏）：修理配合间隙达到要求，使阀芯移动灵活；过滤或更换油液。

2）弹簧侧弯变形使滑阀卡死：更换弹簧。

（3）主阀阀芯卡死。

1）主阀阀芯与阀体几何精度差：修理配合间隙达到要求。

2）主阀阀芯与阀孔配合太紧：修理配合间隙达到要求。

3）主阀阀芯表面有毛刺：去毛刺，冲洗干净。

（4）液动换向阀控制油路故障。

1）控制油路无油：若控制油路电磁阀未换向，则检查原因并消除；若控制油路堵塞，则检查清洗，并使控制油路畅通。

2）控制油路压力不足：若阀端盖处漏油，则拧紧端盖螺钉；若滑阀排油腔一侧节流阀调节得过小或被堵死，则清洗节流阀并调整适宜。

（5）油液变质或油温过高。

1）油液过脏使阀芯卡死：过滤油液或更换阀芯。

2）油温过高，使零件产生热变形，从而产生卡死现象：检查油温过高原因并消除。

3）油温过高，油液中产生胶质，黏住阀芯而卡死：清洗阀芯并消除油温过高情况。

4）油液黏度太高，使阀芯移动困难而卡住：更换适宜的油液。

（6）安装不良。

安装螺钉拧紧力矩不均匀：重新紧固螺钉，并使其受力均匀；若阀体上连接的管子"别劲"，则重新安装。

（7）复位弹簧不符合要求。

1）弹簧力过大：更换适宜的弹簧。

2）弹簧侧弯变形，致使阀芯卡死：更换弹簧。

3）弹簧断裂不能复位：更换弹簧。

2. 阀芯换向后通过的油液流量不足，阀开口量不足

（1）电磁阀中推杆过短：更换适宜长度的推杆。

（2）阀芯与阀体几何精度差，间隙过小，移动时有卡死现象：研配达到要求。

（3）弹簧太弱，推力不足，使阀芯行程不到位：更换适宜的弹簧。

3. 压降过大，阀参数选择不当，实际通过的油液流量大于额定流量

应在额定范围内使用。

4. 液动换向阀阀芯换向速度不易调节，可调装置故障

（1）单向阀封闭性差：修理或更换单向阀。

（2）节流阀加工精度差，不能调节最小流量：修理或更换节流阀。

（3）排油腔阀盖处漏油：更换密封件，拧紧螺钉。

（4）针形节流阀调节性能差：改用三角槽节流阀。

5. 电磁铁过热或线圈烧坏

（1）线圈绝缘不好：更换线圈。

（2）电磁铁铁芯不合适，吸不住：更换铁芯。

（3）电压太低或不稳定：电压的变化值应在额定电压的 10% 以内。

（4）换向压力超过规定：降低压力。

（5）换向流量超过规定：更换规格合适的电液换向阀。

（6）回油口背压过高：调整背压，使其在规定值内。

6. 电磁铁吸力不够，装配不良

（1）推杆过长：修磨推杆到适宜长度。

（2）电磁铁铁芯接触面不平或接触不良：消除污物，修正电磁铁铁芯。

7. 冲击与振动

（1）换向冲击。

1）大直径电磁换向阀因电磁铁规格大、吸合速度快而产生冲击：需要采用大直径换向阀时，应优先选用电液换向阀。

2）液动换向阀因控制流量过大、阀芯移动速度太快而产生冲击：调小节流阀节流口，减慢阀芯移动速度。

3）单向节流阀中的单向阀钢球漏装或钢球破碎，不起阻尼作用：检修单向节流阀。

（2）振动使固定电磁铁的螺钉松动：紧固螺钉，并加防松垫圈。

子任务二　电液换向阀的选用及换向回路搭建调试

任务描述

　　液压机在操作过程中出现按下操作按钮时动作失灵的现象。通过对故障原因的排除，发现是由于电液换向阀卡滞而导致液压机动作失灵。请为液压机选配一个合适的电液换向阀并进行更换。同时利用该电液换向阀设计一个换向回路，实现液压缸的启动、停止及换向功能；同时满足换向阀中位时液压泵卸荷，液压缸闭锁功能。

知识储备

一、换向阀的性能和特点

1. 换向阀的滑阀机能

当换向阀处于常态位置时，阀的各油口的连通方式称为滑阀机能。利用弹簧复位的二位换向阀以靠近弹簧方框内的通路状态为其常态位。三位四通阀的中位是三位换向阀的常态位。

2. 滑阀的中位机能

由于三位换向阀的常态位都是中间位置，因此，当三位换向阀阀芯在中间位置时，各油口的连通情况称为换向阀的中位机能。不同的中位机能，可以满足液压系统的不同要求。表3-6列出了常用的三位换向阀滑阀机能，包括 O 型、H 型、P 型、K 型、M 型等。

表 3-6 常用的三位换向阀滑阀机能

滑阀机能	滑阀状态	中位符号		特点
		四通	五通	
O				各油口全封闭，系统不卸载，缸封闭
H				各油口全连通，系统卸载
Y				系统不卸载，缸两腔与回油连通
J				系统不卸载，缸一腔封闭，另一腔与回油连通
C				液压油与缸一腔连通，另一腔及回油均封闭
P				液压油与缸两腔连通，回油封闭
K				液压油与缸一腔及回油连通，另一腔封闭，系统可卸载

滑阀机能	滑阀状态	中位符号		特点
		四通	五通	
X				液压油与各油口半开启连通，系统保持一定压力
M				系统卸载，缸两腔封闭
U				系统不卸载，缸两腔连通，回油封闭

分析和选择三位换向阀的中位机能时，通常考虑以下几方面。

（1）系统保压。P 口堵塞时，系统保压，液压泵用于多缸系统。

（2）系统卸荷。P 口通畅地与 T 口相通，系统卸荷（H 型、K 型、X 型、M 型）。

（3）换向平稳与精度。A、B 两口堵塞，换向过程中易产生冲击，换向不平稳，但精度高；A、B 口都通 T 口，换向平稳，但精度低。

（4）启动平稳性。阀在中位时，液压缸某腔通油箱，启动时没有足够的油液起缓冲作用，启动不平稳。

（5）液压缸浮动和在任意位置上停止。

二、换向阀的选用

1. 换向阀选型的一般原则

（1）按系统的拖动与控制功能要求，合理选择换向阀的功能和品种，并与液压泵、执行元件和液压辅件等一起构成完整的液压回路。

（2）优先选用现有标准定型系列产品，除非不得已，才自行设计专用换向阀。

（3）根据系统工作压力与通过流量（工作流量），并考虑换向阀的类型、安装连接方式、操纵方式、工作介质、尺寸与质量、工作寿命、经济性、适应性与维修方便性、货源及产品历史等，从液压手册或产品样本中选取。

2. 换向阀类型选择

选择换向阀时，对于换向速度要求快的系统，一般选择交流电磁换向阀；反之，对换向速度要求不高的系统，则可选择直流电磁换向阀。干式电磁铁换向可靠性不如湿式电磁铁。

此外，还要合理选用三位换向阀的中位机能。对于采用液压锁（双液控单向阀）锁紧液压执行元件的系统，应选用 H 型和 Y 型中位机能的滑阀式换向阀，以使换向阀处于中位时，两个液控单向阀的控制腔均通油箱，保证液控单向阀可靠复位和液压执行元件的良好锁紧状态。如液压系统中对阀芯复位和对中性能要求特别严格，则可选择液压对中型结构。

3. 公称压力和额定流量的选择

（1）公称压力（额定压力）的选择。

可根据液压系统的工作压力选择相应压力级的换向阀，并使系统工作压力适当低于产品标明的公称压力值。

（2）额定流量的选择。

各换向阀的额定流量一般应与其工作流量接近，这是最经济、合理的匹配。换向阀在短时超流量状态下使用也是可以的，但如果换向阀长期在工作流量大于额定流量的状态下工作，则易引起液压卡紧和液动力，并对换向阀的工作品质产生不良影响。

 任务实施

一、液压机换向阀的选用

由于液压机液压系统以压力控制为主，系统具有高压、大流量、大功率的特点。为了满足远程控制要求，应选择电液换向阀作为液压机主缸的方向控制阀。

同时，为了满足液压机主缸停止工作时，液压泵卸荷和液压缸闭锁的要求，确定该电液换阀主阀的中位机能为 M 型。

二、换向回路的搭建与调试

利用电液换向阀来搭建换向回路，实现液压缸的启动、停止及换向功能；同时满足换向阀中位时液压泵卸荷，液压缸闭锁功能。液压机主缸换向回路原理图如图 3 – 12 所示，换向回路零部件表见表 3 – 7。本子任务在博世力士乐 WS290 液压实训台搭建回路，进行回路测试。

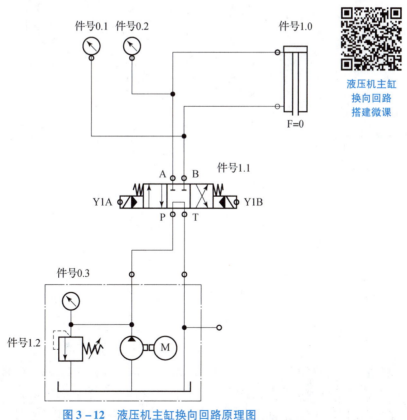

图 3 – 12　液压机主缸换向回路原理图

表3-7　液压机主缸换向回路零部件表

件号	数量	部件名称
1.0	1	双作用单杆活塞缸
1.1	1	三位四通电液换向阀
1.2	1	溢流阀
0.1~0.3	3	压力表
	4	油管

（1）根据图3-12，通过软管接通液压装置。

（2）根据图3-13，连接电气控制线路。

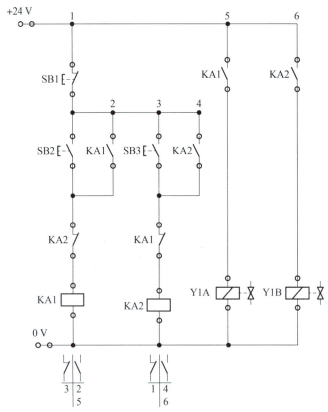

图3-13　液压机主缸换向回路电气控制原理图

警告：

　　在开始液压控制试运行之前，即打开液压泵之前，必须检查并确保已将所有压力控制阀都设为最低压力（弹簧卸载），且所有的节流阀口都处于打开状态。

（3）启动液压泵，并检查装置有无泄漏。任何一个压力表上的读数，都应当为零压力。

（4）通过溢流阀（件号 1.2）设定系统压力至 30 bar[①]，然后按下按钮 SB3，使三位四通电液换向阀（件号 1.1）的电磁线圈 Y1B 通电。此时，液压泵的流量将进入双作用单杆活塞缸（件号 1.0）活塞杆一侧。

（5）按下按钮 SB2，使三位四通电液换向阀（件号 1.1）的电磁线圈 Y1A 通电。此时，双作用单杆活塞缸（件号 1.0）活塞杆将伸出。

（6）数据测量：在双作用单杆活塞缸处于末端位置、三位四通电液换向阀处于静止位（中位）时，测量表 3-8 中的规定数据，并填入表中。表 3-8 中是油温约为 20 ℃时测量的参考数据，学生所测的数据，可能偏差 10%。

表 3-8　数据测量　　　　　　　　　　　　单位：bar

双作用单杆活塞缸位置	三位四通电液换向阀阀位	件号 0.1	件号 0.2	件号 0.3
双作用单杆活塞缸已伸出	A	0	30	30
双作用单杆活塞缸已缩回	B	30	0	30
双作用单杆活塞缸在静止位	0	5	5	8

（7）回路总结。

对于 M 型中位机能三位四通电液换向阀处于中位时，液压泵的流量几乎在零压力下流回油箱，因此，功率损失取决于换向阀的滑阀形状及回油管路的管道阻力。换向阀处于中位时液压泵属于无压力循环状态，因此节省了能耗，但是如果需要另外一个换向阀控制其他执行机构，就无法使用这只换向阀了。

任务三　液压机主缸保压泄压太快故障排除

学习目标

1. 知识目标

（1）熟悉单向阀的职能符号。
（2）掌握单向阀的工作原理、结构特点和应用。
（3）掌握单向阀常见故障及其排除方法。
（4）掌握液压机主缸保压泄压太快故障的原因及排除方法。

液压机主缸保压泄压太快故障排除微课

---

① 1 bar = 0.1 MPa

（5）掌握锁紧回路的工作原理。

2. 技能目标

（1）能够分析 YN28 – 315Z 液压机泄压太快故障原因。

（2）能够分析单向阀结构及工作原理，并根据液压参数要求正确选用单向阀。

（3）能够排除单向阀常见故障。

（4）能够搭建满足功能要求的锁紧回路，并进行回路调试。

3. 素质目标

（1）具有"6S"管理操作规范意识。

（2）具有安全操作意识。

（3）具有国家标准、行业标准意识。

任务描述

液压机在保压阶段，出现上腔保压时间不长、泄压过快的故障现象。通过分析可能产生该故障的原因有缸口密封环渗漏、参与保压各阀口密封不严、参与保压管路中接头渗漏。通过对故障原因的排除，发现是单向阀存在泄漏导致不保压现象。请根据实际情况选定合适的解决方案排除该故障：方案一，对该单向阀故障原因进行进一步诊断并排除其故障；方案二，选用合适的单向阀对其进行替换，并搭建一个保压回路，该回路使用一个液控单向阀，以防止某一设备中液压缸（气爪）失速下降。

子任务一　单向阀的故障诊断及维修

任务描述

液压机在保压阶段，出现上腔保压时间不长、泄压过快的故障现象。通过分析发现是单向阀存在泄漏导致不保压现象。对该单向阀故障原因进行进一步诊断并排除其故障。

知识储备

一、单向阀

单向阀又称止回阀和逆止阀。其作用是允许油液单向流动、反方向截止。单向阀的基本要求：通过油液时压力损失要小，而反向截止时密封性要好；动作灵敏，工作时无撞击和噪声。

单向阀有普通单向阀和液控单向阀两种。

1. 普通单向阀

（1）功能。

普通单向阀的作用是使油液只能沿一个方向流动，不允许油液反向倒流。

（2）分类。

普通单向阀根据安装方式可分为直通式管式单向阀和直角式板式单向阀。

1）直通式管式单向阀。

直通式管式单向阀中的油液流动方向和阀的轴线方向相同。

图 3-14 所示为直通式管式单向阀。此类阀的油口可通过管接头和油管相连，阀体的质量靠管路支承，因此，阀的体积不能太大。

2）直角式板式单向阀。

直角式板式单向阀的进、出油口 A（P_1）、B（P_2）的轴线均和阀体轴线垂直。

图 3-15 所示为直角式板式单向阀。阀体用螺钉固定在机体上，阀体平面和机体平面紧密贴合，阀体上各油孔分别和机体上相对应的孔对接，并用 O 形密封圈密封。

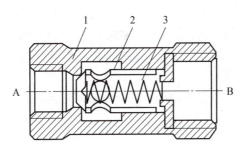

图 3-14　直通式管式单向阀
1—阀体；2—阀芯；3—弹簧

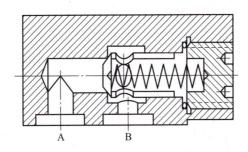

图 3-15　直角式板式单向阀
1—阀体；2—阀芯；3—弹簧

（3）结构和工作原理。

图 3-16（a）所示为一种普通直通式管式单向阀的结构和工作原理。液压油从阀体左端的通口流入时，克服弹簧 3 作用在阀芯 2 上的力，使阀芯向右移动，打开阀口，并通过阀芯上的径向孔从阀体 1 右端的通口流出；但是当液压油从阀体右端的通口流入时，液压力和弹簧力一起使阀芯压紧在阀座上，使阀口关闭，油液无法通过。其图形符号如图 3-16（b）所示。

单向阀中的弹簧主要用来克服阀芯的摩擦力和惯性力，使单向阀工作灵敏可靠，所以普通单向阀的弹簧一般都选用刚度较小的弹簧，以免油液流动时产生较大的压降。

（4）普通单向阀的特性。

普通单向阀的特性参数主要包括以下几点。

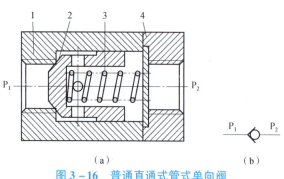

（a）   （b）

图 3-16   普通直通式管式单向阀

1—阀体；2—阀芯；3—弹簧；4—阀盖

1）正向最小开启压力：一般正向开启压力仅需 0.03 ~ 0.05 MPa，当采用刚度较大的弹簧时，其正向开启压力可达 0.2 ~ 0.6 MPa，可用作背压阀。

2）正向压力损失：一般要求单向阀通过额定流量时的压力损失不应超过 0.1 ~ 0.3 MPa。

3）反向泄漏量：一般要求单向阀反向截止时密封性要好，泄漏量要尽量小。

2. 液控单向阀

（1）功能。

液控单向阀是允许油液向一个方向流动，反向开启必须通过液压控制来实现的单向阀。

（2）结构和工作原理。

图 3-17（a）所示为液控单向阀的结构和工作原理。当控制口 K 处无液压油通过时，其工作机制和普通单向阀一样，液压油只能从通口 P_1 流向通口 P_2，不能反向倒流。当控制口 K 处有液压油通过时，因活塞 1 右侧 a 腔通泄油口，故活塞右移，推动顶杆 2 顶开阀芯 3，使通口 P_1 与 P_2 接通，油液就可在两个方向自由流通。其图形符号如图 3-17（b）所示。

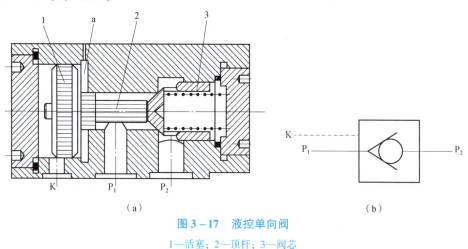

（a）   （b）

图 3-17   液控单向阀

1—活塞；2—顶杆；3—阀芯

（3）液控单向阀的特性。

液控单向阀的主要性能和普通单向阀差不多，它反向开启的最小控制压力，当 p_1 为零时，不带卸荷阀芯的为 $(0.4 \sim 0.5)\, p_2$，带卸荷阀芯的为 $0.05 p_2$。此外，它反向流动的压力损失要比正向流动的压力损失小些。

学习笔记

二、单向阀的常见故障及排除方法

普通单向阀的常见故障有逆方向不密封，有泄漏。液控单向阀的常见故障有油液不逆流；逆方向不密封，有泄漏等，见表 3-9。

表 3-9　单向阀的常见故障及排除方法

类型	故障现象	故障分析	排除方法
普通单向阀	逆方向不密封，有泄漏	单向阀在全开位置上卡死	修配，清洗单向阀
		单向阀锥面与阀座锥面接触不均匀	检修或更换单向阀
		单向阀弹簧断裂	更换弹簧
液控单向阀	油液不逆流	控制压力过低	提高控制压力，使其达到要求值
		控制油液管道接头漏油严重	紧固接头，消除漏油
		单向阀卡死	清洗单向阀阀芯和阀体
	逆方向不密封，有泄漏	单向阀在全开位置上卡死	修配，清洗单向阀
		单向阀锥面与阀座锥面接触不均匀	检修或更换单向阀

任务实施

通过对单向阀相关资料的查阅和知识的了解，对单向阀进行拆卸，通过检查确定故障原因并进行维修。

1. 单向阀的拆卸步骤

本任务单向阀的结构和工作原理如图 3-16 所示。单向阀的拆装选用工具及备品有手钳、螺钉旋具（一字、十字）、白瓷盆、内六角扳手、煤油 1 L。单向阀的拆装过程如下。

（1）用活动扳手拆单向阀一侧。

（2）取出一侧弹簧后，取出单向阀阀芯。

2. 单向阀故障排除

（1）阀与阀座（锥阀阀芯和钢球）产生泄漏，而且当反向压力比较低时更容易发生。主要原因：1）阀座孔与阀芯孔同轴度较差，阀芯导向后接触面不均匀，有部分"搁空"；2）阀座压入阀体孔中时产生偏歪或拉毛损伤等；3）阀座碎裂；4）弹簧变弱。

处理措施：对上述 1）、2）原因重新进行铰、研加工，或者将阀座拆下重新压装再研配；对 3）、4）原因则予以更换相应零件。

（2）单向阀启闭不灵活，有卡阻现象，在开启压力较小和单向阀水平安放时易发生。主要原因：1）阀体孔与阀芯加工尺寸、形状精度较差，间隙不适当；2）阀芯变形或阀体孔安装时因螺钉紧固不均匀而变形；3）弹簧变形扭曲，对阀芯形成径向分

项目三　液压机液压系统运行与维修 ▪ 67

力，使阀芯运动受阻。

处理措施：对上述1）、2）原因进行修研、抛光有关变形阀件并调整间隙；对3）原因则更换新弹簧。

（3）工作时发出异常声音。主要原因：1）油液流量超过允许值；2）与其他阀发生共振现象，发出激荡声；3）在卸压单向阀中，用于立式大液压缸等的回油，缺少卸压装置。

处理措施：1）换用流量比较大的阀；2）换用弹力强弱合适的弹簧，主要还是改进系统回路本身的设计，必要时加装蓄能器等；3）加设卸压装置回路。

子任务二　单向阀的选用及保压回路搭建调试

任务描述

液压机在保压阶段，出现上腔保压时间不长、泄压过快的故障现象。通过分析发现是单向阀存在泄漏导致不保压现象。请为液压机选配一个单向阀进行更换，排除液压机故障，并搭建一个保压回路，该回路使用一个液控单向阀，以防止某一设备中液压缸（气爪）失速下降。

知识储备

一、单向阀的应用

1. 用单向阀将系统和泵隔断

在图3-18中，用单向阀5将系统和泵隔断。泵开机时，泵排出的油液可经单向阀5进入系统；泵停机时，单向阀5可阻止系统中的油液倒流。

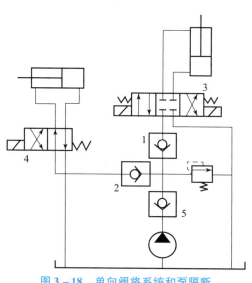

图3-18　单向阀将系统和泵隔断

2. 用单向阀将两个泵隔断

在图 3 – 19 中，1 是低压大流量泵，2 是高压小流量泵。低压时两个泵排出的油液合流，共同向系统供油。高压时，单向阀的反向压力为高压，单向阀关闭，泵 2 排出的高压油液经过虚线表示的控制油路将阀 3 打开，使泵 1 排出的油液经阀 3 回油箱，由高压泵 2 单独往系统供油，其压力决定于阀 4。这样，单向阀将两个压力不同的泵隔断，不互相影响。

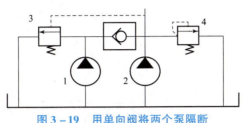

图 3 – 19　用单向阀将两个泵隔断

3. 用单向阀产生背压

在图 3 – 20 中，高压油液进入缸的无杆腔，活塞右行，有杆腔中的低压油液经单向阀后回油箱。单向阀有一定压降，故在单向阀上游总保持一定压力，此压力也就是有杆腔中的压力，称为背压，其数值不高，一般约为 0.5 MPa。在缸的回油路上保持一定背压，可防止活塞的冲击，使活塞运动平稳。此种用途的单向阀也称背压阀。

4. 用单向阀和其他阀组成复合阀

由单向阀和节流阀组成的复合阀，称为单向节流阀。用单向阀组成的复合阀还有单向顺序阀、单向减压阀等。在单向节流阀中，单向阀和节流阀共用一个阀体。如图 3 – 21 所示，当油液沿箭头所示方向流动时，因单向阀关闭，油液只能经过节流阀从阀体流出。若油液沿箭头所示相反方向流动，则因单向阀的阻力远比节流阀小，所以油液经过单向阀流出阀体。此法常用来快速回油，从而可以改变缸的运动速度。

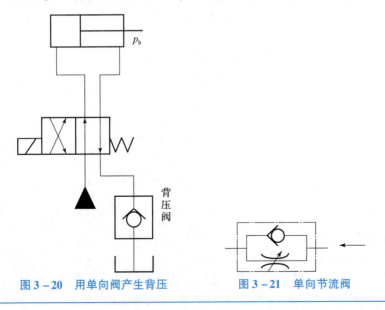

图 3 – 20　用单向阀产生背压　　　　图 3 – 21　单向节流阀

5. 用液控单向阀使立式缸活塞悬浮

在图 3 - 22 中，通过液控单向阀往立式缸的下腔供油，活塞上行。停止供油时，因有液控单向阀，活塞靠自重不能下行，于是可在任一位置悬浮。向液控单向阀的控制口加压后，活塞即可靠自重下行。若此立式缸下行为工作行程，便可同时向缸的上腔和液控单向阀的控制口加压，使活塞下行，完成工作行程。

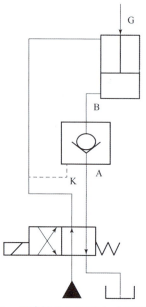

图 3 - 22　用液控单向阀使立式缸活塞悬浮

6. 用两个液控单向阀使液压缸双向闭锁

在图 3 - 23 中，将高压管 A 中的压力作为控制压力加在液控单向阀 2 的控制口上，液控单向阀 2 也构成通路。此时高压油液自 A 管进入缸，活塞右行，低压油液自 B 管排出，缸的工作和不加液控单向阀时相同。同理，若 B 管为高压，A 管为低压，则活塞左行。若 A、B 管均不通油液，则液控单向阀的控制口均无压力，液控单向阀 1 和液控单向阀 2 均闭锁。这样，利用两个液控单向阀，既不影响缸的正常动作，又可完成缸的双向闭锁。锁紧缸的办法虽有多种，但用液控单向阀的方法是最可靠的一种。

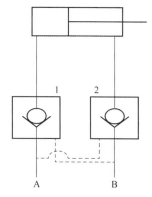

图 3 - 23　用两个液控单向阀使液压缸双向闭锁

二、单向阀的选用

1. 单向阀选型的一般原则

（1）按系统的拖动与控制功能要求，合理选择单向阀的功能和品种，并与液压泵、执行元件和液压辅件等一起构成完整的液压回路。

（2）优先选用现有标准定型系列产品，除非不得已，才自行设计专用单向阀。

（3）根据系统工作压力与通过流量（工作流量），并考虑单向阀的类型、安装连接方式、操纵方式、工作介质、尺寸与质量、使用寿命、经济性、适应性与维修方便性、货源及产品历史等，从液压手册或产品样本中选取。

2. 公称压力和额定流量的选择

（1）公称压力（额定压力）的选择。

可根据液压系统的工作压力选择相应压力级的单向阀，并应使系统工作压力适当低于产品标明的公称压力值。

（2）额定流量的选择。

各单向阀的额定流量一般应与其工作流量相接近，这是最经济、合理的匹配。单向阀在短时超流量状态下使用也是可以的，但如果单向阀长期在工作流量大于额定流量下工作，则易引起液压卡紧和液动力，并对单向阀的工作品质产生不良影响。

任务实施

一、液压机单向阀的选用

液压机选用单向阀的基本原则：根据系统工作压力与通过流量（工作流量），并考虑单向阀的应用场合、安装连接方式、工作介质、尺寸与质量、使用寿命、经济性、适应性与维修方便性、货源及产品历史等，从液压手册或产品样本中选取。根据单向阀应用场合的不同，确定其开启压力，若用作背压阀一般选用开启压力较高的单向阀，只是作为控制油液单向流动的单向阀可选用开启压力较低的单向阀。可通过单向阀特性曲线来选择。

如图3-24所示，以普通单向阀（博世力士乐公司）型号为例进行说明。

二、主缸保压回路的搭建

利用液控单向阀搭建一个保压回路，该回路使用一个液控单向阀，以防止某一设备中液压缸（气爪）失速下降。液压机主缸保压回路原理图如图3-25所示，保压回路零部件表见表3-10。本子任务在博世力士乐 WS290 液压实训台搭建回路，进行回路测试。

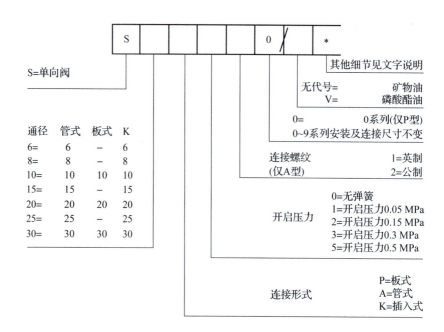

图 3-24　普通单向阀（博世力士乐公司）型号说明

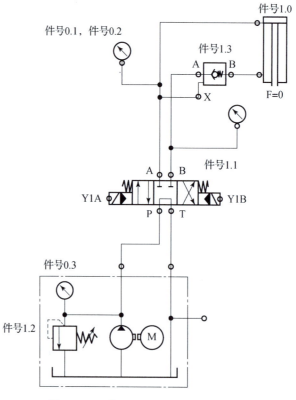

图 3-25　液压机主缸保压回路原理图

表 3-10　液压机主缸保压回路零部件表

件号	数量	部件名称
1.0	1	双作用单杆活塞缸
1.1	1	三位四通电液换向阀
1.2	1	溢流阀
1.3	1	液控单向阀
0.1～0.3	3	压力表
	4	油管

（1）根据图3-25，通过软管接通液压装置。

（2）根据图3-26，连接电气控制线路。

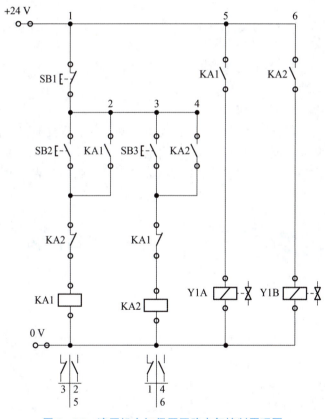

图 3-26　液压机主缸保压回路电气控制原理图

> **警告：**
> 在开始液压控制试运行之前，即打开液压泵之前，必须检查并确保已将所有压力控制阀都设为最低压力（弹簧卸载），且所有的节流阀口都处于打开状态。

（3）启动液压泵，并检查装置有无泄漏。任何一个压力表上的读数，都应当为零压力。

（4）通过溢流阀（件号 1.2）设定系统压力至 50 bar，然后按下按钮 SB3，使三位四通电液换向阀（件号 1.1）的电磁线圈 Y1B 通电。此时，液压泵的流量将进入双作用单杆活塞缸（件号 1.0）活塞杆一侧。

（5）数据测量：按下按钮 SB2，使三位四通电液换向阀（件号 1.1）的电磁线圈 Y1A 通电。此时，双作用单杆活塞缸（件号 1.0）活塞杆将伸出。测量运行期间 3 个压力表的压力，然后在表 3-11 中填入这些数据。

表 3-11   数据测量   单位：bar

压力表件号	0.1	0.2	0.3
双作用单杆活塞缸下降	20	10	15

警告：

在完成了培训系统的实际操作之后，应及时关闭液压泵！将溢流阀（件号 1.2）调回到最低压力。任何一个压力表上的读数，都应当为零压力。表 3-11 中是油温约为 20 ℃时测量的参考数据，学生所测的数据，可能偏差 10%。

（6）回路评估。

液控单向阀在液压缸缩回时相当于普通单向阀；在液压缸伸出，控制油路有液压油时完全打开，从而可反向流通。三位四通电液换向阀处于中间位置时，该阀和液控单向阀对液压缸实现了保压功能，防止液压缸的下滑。此外，液控单向阀的密封性能比换向阀的密封性能更好。

任务四　液压机调压失灵故障排除

1. 知识目标

（1）了解压力控制阀的分类。

（2）掌握压力控制阀的结构及工作原理。

（3）掌握压力控制阀的职能符号及应用。

2. 技能目标

能够分析压力控制阀在系统中的作用。

3. 素质目标

（1）养成动脑思考、探索知识的习惯。

（2）培养独立完成工作的能力。

任务描述

在具体的液压系统中，根据工作需要的不同，对压力控制的要求也各不相同。有的需要限制液压系统的最高压力，如安全阀；有的需要稳定液压系统中某处的压力值，如溢流阀、减压阀等定压阀；还有的是利用液压力作为信号控制其动作，如顺序阀和压力继电器等。那么，这些元件是如何调节和控制压力的？它们又有哪些控制特性？

液压机调压
失灵故障
排除微课

本任务主要介绍溢流阀、减压阀、顺序阀和压力继电器的结构和工作原理，介绍它们的工作性能和在液压系统中的应用。学生通过学习相关的知识和技能，应能熟练掌握各种压力控制阀的工作原理、图形符号、结构特点和工作特性，并能熟练分析它们在回路中的作用。

知识储备

一、溢流阀的认知与维修

1. 溢流阀的结构和工作原理

（1）直动型溢流阀。

直动型溢流阀如图 3 – 27 所示。由图 3 – 27 可知，阀芯 3 在弹簧力的作用下压在阀座 2 上，进油口 P 布置在阀的下方，回油口 T 设在阀的右边。当油液压力小于弹簧产生的压力时，阀芯在弹簧力的作用下紧贴在阀座上，此时阀口处于关闭状态。当油液压力 p 大于弹簧压力时，阀芯被向上顶起，使阀口打开，油液经阀口进入阀座上方空腔，再经回油口 T 流回油箱。转动手轮 6 即可通过阀杆 5 调节弹簧压力的大小，从而改变溢流压力 p 的大小。而当调节完成后，即可保证进口压力基本恒定。

直动型溢流阀具有结构简单、灵敏度高等特点，但溢流压力受溢流量的影响较大，稳压性能较差。一方面，这是因为流量较大时，需要的阀芯上升量也大，弹簧压缩量随之增加，继而需要更大的压力才能将其推起。另一方面，这种溢流阀需要较大刚性的弹簧，否则不能将阀芯紧贴在阀座上而造成漏油。故该类溢流阀在溢流时压力 p 会随着溢流量的大小有一定的变化，因此，其不适用于在高压、大流量下工作。

（2）先导型溢流阀。

先导型溢流阀如图 3 – 28 所示。它由先导阀（水平设置部分）和主阀两部分组成。主阀阀芯 1 弹簧较软，内部中空，钻有上下连通的小孔，上孔 e 小（称为阻尼孔），下孔 f 大，液压油经进油口 P 和中空阀芯孔 e、f 同时作用于主阀阀芯及先导阀阀芯 6 上。当先导阀阀芯未打开

先导型溢流阀
检修微课

时，阀腔中油液没有流动，作用在主阀阀芯上下两个方向的液体压力相互平衡，主阀阀芯在弹簧力的作用下压在最下端位置（图 3 – 28 所示位置），此时阀口关闭，即溢流阀无溢流。当进油压力 p 增大至使先导阀打开时，油液通过主阀阀芯内的阻尼孔 e，沿着阀芯中部流到主阀阀芯上部，再经先导阀流至回油腔 T。由于阻尼孔的阻尼作用，油

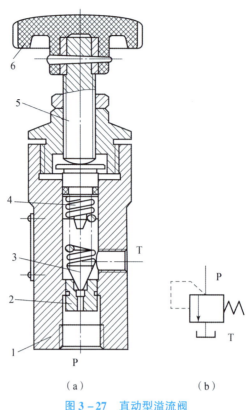

（a）　　　　　　　（b）

图 3 - 27　直动型溢流阀

（a）结构图；（b）图形符号

1—阀体；2—阀座；3—阀芯；4—调压弹簧；5—阀杆；6—手轮

液流经阻尼孔时会产生一定的压降，造成主阀阀芯上下所受到的液体压力不相等，此时主阀阀芯上部液体压力小，下部压力大，这样，在压力差的作用下主阀阀芯即可克服主阀弹簧的阻力而向上移动，打开阀口，实现溢流，从而保证了油泵出口压力基本恒定。通过调压手轮 8 调节先导阀弹簧 7，便可调整溢流压力。

　　需要指出，先导型溢流阀上的远程控制口 K（又称外控口）对溢流压力具有调控作用。当将 K 口封闭时，溢流压力如上所述，取决于先导阀弹簧的调定压力。而当 K 口与外界接通时，作用在主阀阀芯上部的液体压力就是外界引入 K 口的压力，这时，只要使溢流阀的进油压力 p 略大于 K 口引入的液体压力 p_K，即可产生压力差，推动主阀阀芯上移而实现溢流。同理，若将 K 口直接与油箱接通，则 K 口压力为零，此时，可认为溢流压力为零。这说明 K 口对先导型溢流阀具有调控作用，所以，若将 K 口接一个远程调压阀，则可对系统压力实现远程控制。

　　先导型溢流阀的先导阀部分结构尺寸较小，因此，调压弹簧刚性可以比直动型溢流阀调压弹簧小，故压力调整比较轻便。此外，主阀阀芯向上打开时，由于主阀弹簧较软，因此，阀芯上升时对溢流压力影响较小，溢流时压力较为稳定。但该溢流阀要先导阀和主阀都动作后才能起控制作用，因此，其反应不如直动型溢流阀灵敏。

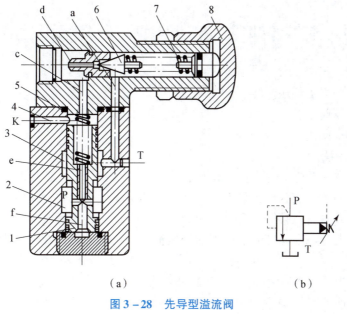

图 3-28　先导型溢流阀

（a）结构图；（b）图形符号

1—主阀阀芯；2—进油腔；3—回油腔；4—远程控制口；5—主阀弹簧；
6—先导阀阀芯；7—先导阀弹簧；8—调压手轮

2. 溢流阀的静态特性

在溢流阀工作时，随着溢流量的变化，系统压力会产生一定的波动，不同的溢流阀其波动程度不同。因此，一般用溢流阀稳定工作时的压力流量特性来描述溢流阀的静态特性。

图 3-29 所示为溢流阀的压力流量特性曲线，又称溢流阀的静态特性曲线。图 3-29 中的 p_T 为溢流阀调定压力，p_c 为直动型溢流阀和先导型溢流阀的开启压力。溢流阀理想的静态特性曲线最好是一条在 p_T 处平行的直线。

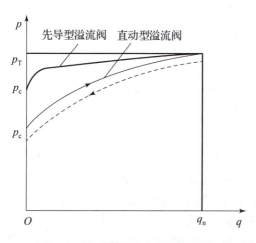

图 3-29　溢流阀的静态特性曲线

3. 溢流阀的应用

溢流阀在液压系统中应用广泛，主要用途如下。

（1）溢流定压。

（2）作安全阀用。

（3）远程与多级调压。

（4）作背压阀用。

（5）作卸荷阀用。

下面举例说明。

溢流阀在液压系统中的作用是调压、稳压、安全保护等。工作时通过手轮来调定溢流（工作）压力。工作压力调定后，如因油路流量发生变化而小于泵的供油量，则溢流阀自动部分溢流，保持工作压力的稳定；如因载荷严重超载而危及回路安全，则溢流阀能自动大量溢流，将油泵供出的液压油全部引回油箱，此时压力不再升高，起安全保护作用。

图3-30中的比例溢流阀2，起远程调压作用。当先导型溢流阀1的溢流压力调定后，即可通过改变比例溢流阀中电磁铁的电信号大小来调节比例溢流阀的溢流压力，从而达到调节泵的出口压力的目的。这种溢流阀组成的回路，可在较宽的范围内对泵的出口压力实现远程无级调压。

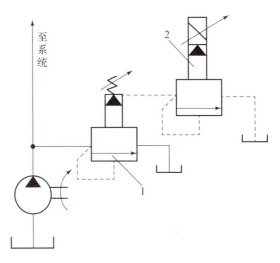

图3-30　远程无级调压应用实例

1—先导型溢流阀；2—比例溢流阀

图3-31所示为溢流阀作背压阀应用实例。图3-31中的背压阀6所起的作用是使电液换向阀在中位时，泵的出口保持一个启动电液换向阀的压力，该压力控制在0.2~0.3 MPa之间。若无此压力，则电液换向阀不能动作，即不能实现换向。

图3-32所示为溢流阀作卸荷阀应用实例。图3-32中的件2是一先导型溢流阀，件3是三位四通电磁换向阀，件4是直动型溢流阀，与件1液压泵组成二级调压卸荷回路。当三位四通电磁换向阀处于中位时，先导型溢流阀的溢流压力为本身的调定压力；当电磁铁2YA通电时，先导型溢流阀的溢流压力由直动型溢流阀调定；当电磁铁1YA

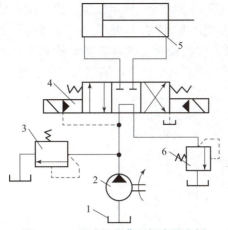

图 3 − 31 溢流阀作背压阀应用实例

1—油箱；2—油泵；3—溢流阀；4—电液换向阀；5—液压缸；6—背压阀

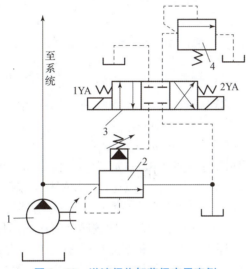

图 3 − 32 溢流阀作卸荷阀应用实例

1—液压泵；2—先导型溢流阀；3—三位四通电磁换向阀；4—直动型溢流阀

通电时，先导型溢流阀的远程控制口直接与油箱相通，此时溢流压力为零，即实现了卸荷。

二、顺序阀的认知与维修

1. 工作原理

顺序阀可以看成一个利用液体压力打开的开关阀，直动型内控式顺序阀的工作原理图如图 3 − 33（a）所示。图 3 − 33（a）中的阀芯 2 上部作用一弹簧力，底部作用一控制柱塞 8。工作时，将 P_1 处的液压油引入底部，作用在控制柱塞上，与上部的弹簧力构成动态平衡。由于柱塞工作面积较小，产生的向上推力相对较小，因此，可以减小调压弹簧 6 的刚度，选用较软的调压弹簧。当阀的进口处压力 p_1 小于阀芯上部的弹簧压力时，阀

顺序阀的认知
与维修微课

芯在弹簧力的作用下移至图 3-33（a）所示位置，此时阀口处于关闭状态，阀的出口处无油液输出，压力 p_2 为零。当阀的进口处压力 p_1 大于弹簧的作用力时，阀芯被控制柱塞顶起，此时阀口打开，油液经阀芯的环形通流截面流至出口，其输出油液的压力为 p_2，完成阀的打开过程。阀开启后，液压油进入二次油路，去驱动另一个执行元件。

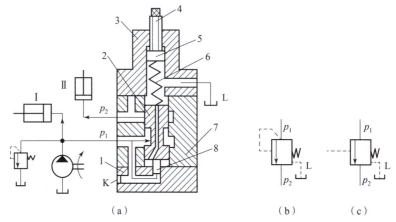

（a）　　　　　　　　　　　　　（b）　　　　（c）

图 3-33　直动型内控式顺序阀

（a）工作原理图；（b）图形符号（内控式）；（c）图形符号（外控式）

1—下盖；2—阀芯；3—上盖；4—调压螺杆；5—弹簧座；6—调压弹簧；7—阀体；8—控制柱塞

由上述顺序阀的工作原理可知，油液流经顺序阀时会产生一定的压降，即

$$\Delta p = p_1 - p_2$$

或

$$p_2 = p_1 - \Delta p \qquad\qquad (3-1)$$

式中，Δp 为油液流经顺序阀的压降，MPa；p_1 为顺序阀进口油液压力，MPa；p_2 为顺序阀出口油液压力，MPa。Δp 的大小，可以通过调压螺杆 4 来调节。

由于出口压力 p_2 小于 p_1，当将两压力分别引入执行元件时，压力大的 p_1 使执行元件 Ⅰ 先动，压力小的 p_2 使执行元件 Ⅱ 后动，即按顺序完成工作任务，故这类阀称为顺序阀。从图 3-33（a）中还可看出，若将下盖转过 90°安装，并打开螺堵 K，则可变成外控顺序阀。图 3-33（b）所示为内控顺序阀的图形符号，图 3-33（c）所示为外控顺序阀的图形符号。

2. 典型结构

（1）直动型顺序阀。

图 3-34 所示为 XF 型直动型顺序阀。它主要由堵塞（外控口）1、下阀盖 2、控制柱塞 3、阀体 4、阀芯 5、弹簧 6、上阀盖 7 等零件组成，设置在控制柱塞内的阻尼孔和阀芯内的阻尼孔有助于阀的稳定工作。

（2）先导型顺序阀。

先导型顺序阀的结构与先导型溢流阀类似，其工作原理也基本相同，故不再重述。先导型顺序阀与直动型顺序阀一样也有内控外泄、外控外泄和外控内泄的控制方式。

3. 顺序阀的应用

应用顺序阀可以使两个以上的执行元件按预定的顺序动作，并可将顺序阀用作背压阀、平衡阀、卸荷阀，或用来保证油路最低工作压力。

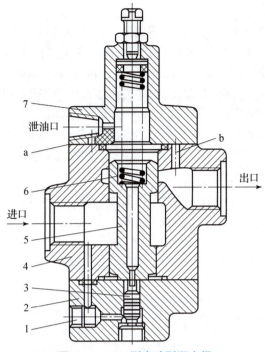

图 3 – 34　XF 型直动型顺序阀

1—堵塞（外控口）；2—下阀盖；3—控制柱塞；4—阀体；5—阀芯；6—弹簧；7—上阀盖

　　图 3 – 35 所示为顺序阀应用实例。当图 3 – 35 中的电磁换向阀 4 通电时，执行左位的机能，此时液压泵向液压缸的无杆腔供油。但由于连接缸 B 的外控顺序阀 7 的调定压力比缸 A 的负载压力高 0.5 MPa，故缸 A 运动时，缸 B 因顺序阀没有打开而保持不动，从而保证了缸 A 先动、缸 B 后动的顺序动作。此过程直至缸 A 活塞运动至右止点后，压力升高至将顺序阀打开为止。

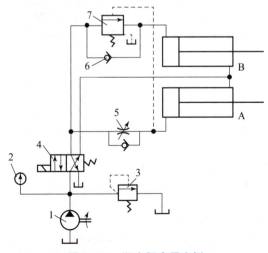

图 3 – 35　顺序阀应用实例

1—油泵；2—压力表；3—溢流阀；4—电磁换向阀；5—节流阀；6—单向阀；7—外控顺序阀

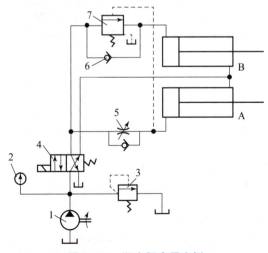

三、减压阀的认知与维修

减压阀是利用油液流经缝隙产生压降的原理，使得出口压力低于进口压力的压力控制阀，用于要求某一支路压力低于主油路压力的场合。按其控制压力可分为定值减压阀（出口压力为定值）、定比减压阀（进口和出口压力的比为定值）和定差减压阀（进口和出口压力的差为定值）。其中定值减压阀的应用最为广泛，简称减压阀，按其结构又有直动型和先导型之分，先导型减压阀性能较好，最为常用。这里仅就先导型定值减压阀进行分析。对该减压阀的性能要求是出口压力保持恒定，且不受进口压力和流量变化的影响。

减压阀的认知
与维修微课

1. 先导型减压阀的结构和工作原理

先导型减压阀的结构形式很多，但工作原理相同。图 3-36（a）所示为一种常用的先导型减压阀结构原理。它分为两部分，即先导阀和主阀，由先导阀调压，主阀减

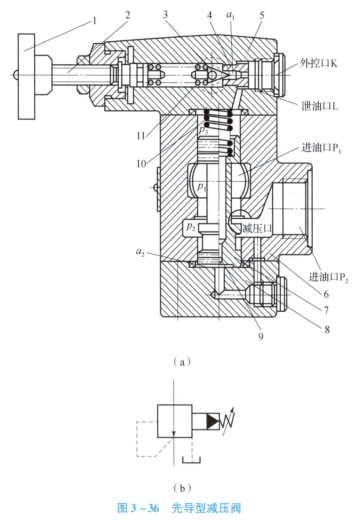

（a）

（b）

图 3-36　先导型减压阀

（a）结构原理；（b）图形符号

1—调压手轮；2—调节螺钉；3—先导锥阀；4—锥阀阀座；5—阀盖；6—阀体；
7—主阀阀芯；8—端盖；9—阻尼孔；10—主阀弹簧；11—调压弹簧

压。液压油（一次液压油）由进油口 P_1 进入，经主阀阀芯 7 和阀体 6 所形成的减压口后从出油口 P_2 流出。由于油液流过减压口的缝隙时有压力损失，所以出口压力 p_2（二次液压油）低于进口压力 p_1。出口液压油一方面送往执行元件；另一方面经阀体下部和端盖 8 上通道至主阀阀芯下腔，再经主阀阀芯上的阻尼孔 9 引入主阀阀芯上腔和先导锥阀 3 的右腔，然后通过锥阀阀座 4 的阻尼孔作用在锥阀上。当负载较小、出口压力 p_2 低于调压弹簧 11 所调定的压力时，先导阀关闭。当主阀阀芯上的阻尼孔内无油液流动时，主阀阀芯上、下两腔油压均等于出口压力 p_2，主阀阀芯在主阀弹簧 10 的作用下处于最下端位置，主阀阀芯与阀体之间构成的减压口全开，不起减压作用；当出口压力 p_2 上升并超过调压弹簧所调定的压力时，先导阀阀口打开，油液经先导阀和泄油口流回油箱。由于阻尼孔的作用，主阀阀芯上腔的压力 p_3 将小于下腔的压力 p_2。当此压力差所产生的作用力大于主阀弹簧的预紧力时，主阀阀芯上升，使减压口缝隙减小，p_2 下降，直到此压差与阀芯作用面积的乘积和主阀阀芯上的弹簧力相等时，主阀阀芯处于平衡状态。此时减压阀保持一定开度，出口压力 p_2 稳定在调压弹簧所调定的压力值上。

如果由于外来干扰使进口压力 p_1 升高，则出口压力 p_2 也升高，从而使主阀阀芯向上移动，主阀开口减小，p_2 又降低，在新的位置上取得平衡，而出口压力基本维持不变；反之亦然。这样，减压阀能利用出口压力的反馈作用，自动控制阀口开度，从而使出口压力基本保持恒定，因此，称为定值减压阀。

减压阀的阀口为常开型，其泄油口必须由单独设置的油管通往油箱，且泄油管不能插入油箱液面以下，以免造成背压，使泄油不畅，影响阀的正常工作。

与先导型溢流阀相同，先导型减压阀也有一外控口 K。当先导型减压阀的外控口 K 接一远程调压阀，且远程调压阀的调定压力低于减压阀的调定压力时，可以实现二级减压。

2. 减压阀的应用及注意事项

在液压系统中，减压阀一般用于减压回路，有时也用于系统的稳压，常用于控制、夹紧、润滑回路。这些回路的压力常需低于主油路的压力，因此，常采用减压回路，如图 3 - 37 所示。

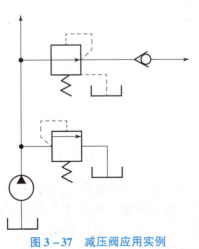

图 3 - 37　减压阀应用实例

四、压力继电器的认知与维修

压力继电器是将系统或回路中的压力信号转换为电信号的装置。它可利用液压力来启闭电气触点发生电信号，从而控制电气元件（如电动机、电磁铁和继电器等）的动作，实现电动机启停、液压泵卸荷、多个执行元件的顺序动作和系统的安全保护等。

压力继电器
的认知与
维修微课

1. 压力继电器的结构和工作原理

图 3 – 39（a）所示为单柱塞压力继电器的结构原理。液压油从进油口 P 进入，并作用于柱塞 1 的底部，当压力达到弹簧的调定值时，便克服弹簧阻力和柱塞表面摩擦力，推动柱塞上升，通过顶杆 2 触动微动开关 4 发出电信号。图 3 – 39（b）所示为单柱塞压力继电器的图形符号。

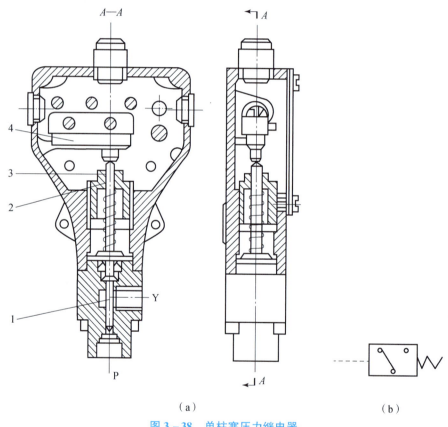

（a）   （b）

图 3 – 38　单柱塞压力继电器

（a）结构原理；（b）图形符号

1—柱塞；2—顶杆；3—调节螺钉；4—微动开关

压力继电器发出电信号的最低压力和最高压力间的范围称为调压范围。拧动调节螺钉 3 即可调整其工作压力。压力继电器发出电信号时的压力，称为开启压力；切断电信号时的压力，称为闭合压力。由于开启时摩擦力的方向与油液压力的方向相反，闭合时则相同，故开启压力大于闭合压力，两者的差称为压力继电器通断调节区间，它应有一定的范围，否则当系统压力脉动时，压力继电器发出的电信号会时断时续。中压系统中使用的压力继电器其调节区间一般为 0.35～0.8 MPa。

2. 压力继电器的应用

图 3－39 所示为压力继电器应用于安全保护的回路。将压力继电器 2 设置在夹紧液压缸 3 的一端，液压泵启动后，首先将工件夹紧，此时夹紧液压缸的右腔压力升高，当升高到压力继电器的调定值时，压力继电器动作，发出电信号使 2YA 通电，于是切削液压缸 4 进刀切削。在加工期间，压力继电器微动开关的常开触头始终闭合。若工件没有夹紧，则压力继电器断开，于是 2YA 断电，切削液压缸立即停止进刀，从而避免因工件未夹紧被切削而发生事故。

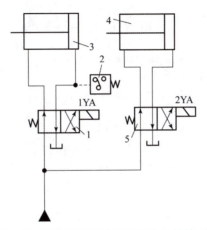

图 3－39　压力继电器应用于安全保护的回路

1、5—电磁换向阀；2—压力继电器；3—夹紧液压缸；4—切削液压缸

 任务实施

通过对溢流阀相关资料的查阅和知识的了解，对溢流阀进行拆卸，确定故障原因并进行维修。溢流阀常见故障有进油口无压力、溢流阀泄漏、阀芯推不动等，其常见故障及排除方法见表 3－12。

表 3－12　溢流阀的常见故障及排除方法

故障现象	故障分析	排除方法
进油口无压力	（1）主阀阀芯阻尼孔堵塞； （2）主阀阀芯在开启位置卡死； （3）主阀平衡弹簧折断或完全不能使主阀阀芯复位； （4）调压弹簧弯曲或漏装； （5）锥阀（或钢球）漏装或破碎； （6）先导阀阀座破碎； （7）远程控制口通油箱	（1）清洗阻尼孔、过滤或更换油液； （2）检修，重新装配主阀，过滤或更换油液； （3）更换平衡弹簧； （4）更换或补装调压弹簧； （5）补装或更换锥阀（钢球）； （6）更换先导阀阀座； （7）检查电磁换向阀工作状态或远程控制口通断状态

故障现象	故障分析	排除方法
溢流阀泄漏	（1）主阀阀芯在工作时径向力不平衡，导致溢流阀性能不稳定； （2）锥阀和阀座接触不好，导致锥阀受力不平衡，引起锥阀振动； （3）调压弹簧弯曲导致锥阀受力不平衡，引起锥阀振动； （4）通过流量超过公称流量，在溢流阀口处引起空穴现象； （5）通过溢流阀的溢流量太小，使溢流阀处于启闭临界状态而引起液压冲击	（1）检查阀体孔和主阀阀芯的精度，修换零件，过滤或更换油液； （2）封油面圆度误差控制在 0.005 ~ 0.01 mm 以内； （3）更换调压弹簧或修磨调压弹簧端面； （4）限在公称流量范围内使用； （5）控制正常工作的最小溢流量
阀芯推不动	（1）主阀阀芯动作不灵活，时有卡住现象； （2）主阀阀芯和先导阀阀座阻尼孔时堵时通； （3）弹簧弯曲或弹簧太小； （4）阻尼孔太大，消振效果差； （5）调压弹簧未锁紧	（1）修换阀芯，重新装配（阀盖螺钉紧固力应均匀），过滤或更换油液； （2）清洗缩小的阻尼孔，过滤或更换油液； （3）更换弹簧； （4）适当缩小阻尼孔（更换阀芯）； （5）调压后锁紧调压螺母

任务五　压力控制回路故障排除

学习目标

1. 知识目标

（1）掌握各种压力控制回路基本组成。

（2）掌握各种压力控制回路工作原理。

（3）掌握压力控制回路的应用。

2. 技能目标

能够分析压力控制回路的作用方式。

3. 素质目标

（1）养成动脑思考、探索知识的习惯。

（2）培养独立完成工作的能力。

任务描述

　　在液压系统中，通常由液压泵提供一定的液压油以驱动执行元件，完成既定的工作任务。但有时在一个液压系统中，要求不同的支路有不同的压力，或者要求系统在不同的工作状态下有不同的压力，这时就要采用基本的压力控制回路来实现。在各类机械设备的液压系统中，保证输出足够的力或力矩是设计压力控制回路最基本的条件。

本任务主要介绍各类压力控制回路的组成、工作原理及应用。学生通过相关知识的学习和技能的训练，要求掌握调压、减压、增压、保压、卸荷和平衡等压力控制回路的基本组成和工作原理，以及各类压力控制回路的应用。

知识储备

一、调压回路

调压回路使系统整体或某一部分的压力保持恒定或不超过某个数值。

1. 单级调压

图 3 - 40 所示为单级调压回路，该回路在液压泵出口处并联一个溢流阀来调定系统的压力。如果将图 3 - 40 中的溢流阀换为比例溢流阀，则这种调压回路将成为比例调压回路，通过比例溢流阀的输入电流来实现回路的无级调压，还可实现系统的远距离控制或程控。

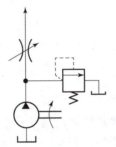

图 3 - 40　单级调压回路

2. 二级调压

图 3 - 41 所示为二级调压回路。其中先导型溢流阀的远程控制口接一个二位二通电磁换向阀，其后接远程调压阀。当电磁铁不通电时，系统压力为先导型溢流阀的调定压力；当电磁铁通电时，系统压力为远程调压阀的调定压力。回路中远程调压阀的调定压力要小于先导型溢流阀的调定压力。

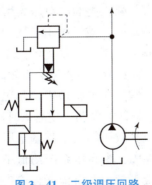

图 3 - 41　二级调压回路

3. 多级调压

图 3 - 42 所示为多级调压回路，该回路由溢流阀 1、2、3 分别控制系统的压力，从而组成了三级调压回路。当两电磁铁均不得电时，系统压力由溢流阀 1 调定，当 1YA 得电时，系统压力由溢流阀 2 调定；当 2YA 得电时，系统压力由溢流阀 3 调定。但在这种调压回路中，溢流阀 2 和溢流阀 3 的调定压力要小于溢流阀 1 的调定压力，且溢流阀 2 和溢流阀 3 的调定压力之间没有一定的关系。

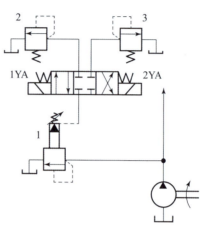

图 3 - 42　多级调压回路

1，2，3—溢流阀

二、减压回路

在液压系统中，一个液压泵常常需要向若干个执行元件供油。当各执行元件所需的工作压力不相同时，就要分别控制。若某个执行元件所需的供油压力较液压泵供油压力低，则可在此分支油路中串联一个减压阀，该执行元件所需压力由减压阀来调节控制，如控制油路、夹紧油路、润滑油路等就常采用减压回路。减压回路的功用是使系统中的某一部分油路具有较低的稳定压力，最常见的减压回路采用定值减压阀与主油路相连。

1. 单级减压回路

图 3 - 43 所示为夹紧机构中常用的单级减压回路，回路中串联一个减压阀，使夹紧缸能获得较低且稳定的夹紧力。减压阀的出口压力可在 0.5 MPa 至溢流阀的调定压力范围内调节，当系统压力有波动时，减压阀出口压力可稳定不变。单向阀的作用是当主系统压力下降到低于减压阀调定压力（如主油路中液压缸快速运动）时，防止油液倒流，起到短时保压的作用，使夹紧缸的夹紧力在短时间内保持不变。

为了确保安全，夹紧回路中常采用带机械定位的二位四通电磁换向阀，或失电夹紧的二位四通电磁换向阀换向，以防在电路出现故障时松开工件而发生事故。

为使减压回路可靠地工作，其减压阀的最高调定压力应比系统调定压力低一定数值。例如，中压系统约低 0.5 MPa，中高压系统约低 1 MPa，否则减压阀不能正常工作。当减压支路的执行元件需要调速时，节流元件应安装在减压阀出口的油路上，以免减压阀泄漏（指由减压阀泄油口流回油箱的油液），影响执行元件的速度。

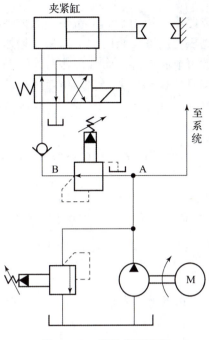

图 3 – 43 单级减压回路

2. 二级减压回路

图 3 – 44 所示为由减压阀和远程调压阀组成的二级减压回路。主油路压力由溢流阀 2 调节,将减压阀 3 的外控口通过二位二通电磁换向阀 4 与远程调压阀 5 相连接,便可得到两种减压压力。当二位二通电磁换向阀处于图 3 – 44 所示位置时,减压油路的压力由减压阀的调定压力决定;当二位二通电磁换向阀通电时,由于减压阀的外控口与远程调压阀相连接,因此减压油路的压力由远程调压阀的调定压力决定。必须注意,远程调压阀的调定压力应低于减压阀的调定压力,才能得到二级减压压力,并且减压阀的调定压力应低于溢流阀的调定压力,才能保证减压阀正常工作,起减压作用。

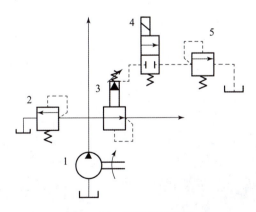

图 3 – 44 二级减压回路

1—液压泵;2—溢流阀;3—减压阀;4—二位二通电磁换向阀;5—远程调压阀

三、增压回路

当液压系统中的某一支路需要压力较高但流量不大的液压油,而采用高压泵不经济,或者根本就没有这样高压力的液压泵时,可以采用增压回路。采用增压回路,系统工作压力仍然较低,因此可节省能源,而且工作可靠、噪声小。增压回路的作用是使系统中某一部分具有较高且稳定的压力,它能使系统中的局部压力远高于液压泵的输出压力。

1. 单作用增压回路

图 3-45(a)所示为利用单作用增压缸使液压系统增压的增压回路。增压缸中有大、小两个活塞,两活塞由一根活塞杆连接在一起。当二位四通手动换向阀 3 右位工作时,泵输出液压油进入增压缸 A 腔,推动活塞向右运动,右腔油液经二位四通手动换向阀 3 流回油箱,而 B 腔输出高压油液,油液进入工作缸 6 推动增压缸活塞下移,此时 B 腔的压力为

$$p_B = \frac{p_A A_1}{A_2} \qquad (3-2)$$

式中,p_A、p_B 分别为 A、B 腔的油液压力;A_1、A_2 分别为增压缸大、小端活塞面积。

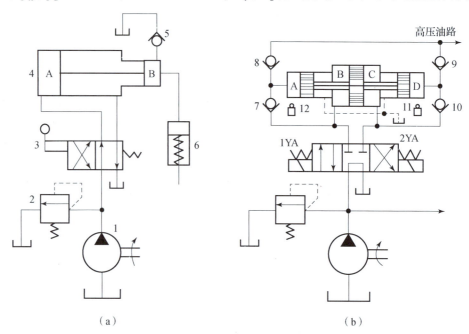

图 3-45 增压回路

(a)使用单作用增压缸;(b)使用双作用增压缸

1—定量泵;2—溢流阀;3—二位四通手动换向阀;4—单作用增压缸;5—单向阀;
6—工作缸;7,8,9,10—单向阀;11,12—行程开关

由于 $A_1 > A_2$,所以,$p_B > p_A$。由此可知,增压缸 B 腔输出油压比液压泵输出油压高。

当二位四通手动换向阀 3 左位工作时,增压缸活塞向左退回,工作缸 6 靠弹簧复位。为了补偿增压缸 B 腔和工作缸 6 的泄漏,可通过单向阀 5 由辅助油箱补油。

使用单作用增压缸的增压回路，只能供给断续的高压油液，所以该回路称为单作用增压回路，它适用于行程较短、单向作用力很大的液压缸。

2. 双作用增压回路

图3-45（b）所示为采用双作用增压缸的增压回路，能连续输出高压油液。

当1YA通电时，增压缸A、B腔输入低压油液，推动活塞右移，C腔油液流回油箱，D腔增压后的液压油经单向阀9输出，此时单向阀8、10关闭。当活塞移至顶端触动行程开关11时，换向阀1YA断电、2YA通电，换向阀换向，活塞左移，A腔增压后的液压油经单向阀8输出，这样依靠换向阀不断换向，即可连续输出高压油，所以该回路也称连续增压回路，其增加的压力为

$$p_{增} = p\frac{A_1 + A_2}{A_1} \tag{3-3}$$

式中，p为液压泵供油压力；A_1为小缸活塞有效面积；A_2为大缸活塞有效面积。

四、保压回路

有的机械设备在工作过程中，常常要求液压执行机构在其行程终止时，保持压力一段时间，这时需采用保压回路。保压回路的作用是使系统在液压缸不动或仅有工件变形所产生的微小位移下稳定地维持住压力。最简单的保压回路是使用密封性能较好的液控单向阀的回路，但是阀类元件处的泄漏使得这种回路的保压时间不能维持太久。常用的保压回路有以下几种。

1. 蓄能器保压回路

图3-46所示为蓄能器保压回路。定量泵1同时驱动主油路切削缸和夹紧油路夹紧缸7工作，并且要求切削缸空载或快速退回运动时，夹紧缸必须保持一定的压力，使工件被夹紧而不松动。

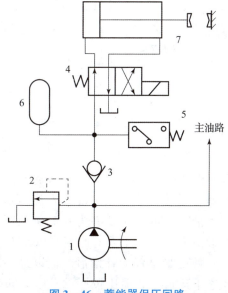

图3-46 蓄能器保压回路

1—定量泵；2—溢流阀；3—单向阀；4—二位四通电磁换向阀；5—压力继电器；6—蓄能器；7—夹紧缸

该回路设计了蓄能器 6 进行保压。加工工件的工作循环是先将工件夹紧后,方可进行加工。因此,定量泵 1 先向夹紧缸供油,同时向蓄能器充液,当夹紧油路压力达到压力继电器 5 的调定压力时,压力继电器发出电信号,主油路切削缸开始工作,夹紧油路由蓄能器补偿油路的泄漏,以保持夹紧油路的压力;当夹紧油路的压力降低到一定数值时,定量泵再向夹紧油路供油;当切削缸快速运动时,主油路压力低于夹紧油路的压力,单向阀 3 关闭,防止夹紧油路的压力下降。

用蓄能器保压的回路特点是保压时间长、压力稳定性高,但在工作循环中必须有足够的时间向蓄能器充液,充液时间的长短决定于蓄能器的容量和油路的泄漏程度。

2. 自动补油式保压回路

图 3-47 所示为采用液控单向阀和电触点式压力表的自动补油式保压回路。其工作原理是当 1YA 得电,电磁换向阀处于右位,液压缸上腔压力上升至电触点式压力表的上限值时,上触点通电,使电磁铁 1YA 失电,换向阀处于中位,液压泵卸荷,液压缸由液控单向阀保压。当液压缸上腔的压力下降到预定的下限值时,电触点式压力表又发出信号,使 1YA 得电,液压泵再次向系统供油,使压力上升;当压力达到上限值时,上触点又发出信号,使 1YA 失电。因此,这一回路能自动使液压缸补充液压油,保证其压力能长期保持在一定的范围内。

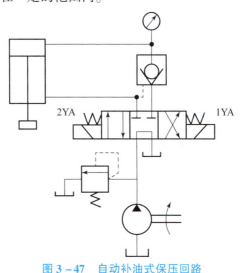

图 3-47　自动补油式保压回路

五、卸荷回路

当液压系统中的执行元件短时间停止工作(如测量工件或装卸工件)时,应使液压泵卸荷空载运转,以减少功率损失、减少油液发热、延长泵的使用寿命,而又不必经常启闭电动机。因为液压泵的输出功率为其流量和压力的乘积,所以两者任一近似为零,功率损耗即近似为零。液压泵的卸荷有流量卸荷和压力卸荷两种。流量卸荷主要是使用变量泵,使变量泵仅为补偿泄漏而以最小流量运转。此方法比较简单,但泵仍处在高压状态下运行,磨损比较严重。压力卸荷的方法是使泵在接近零压下运转。

常见的压力卸荷回路有以下几种方式。

1. 用中位机能为 M、H、K 型的三位主换向阀实现卸荷的回路

图 3-48 所示为用中位机能为 M、H、K 型的三位主换向阀实现卸荷的回路。如回路需卸荷，则可将上述换向阀中位接入系统工作，使泵输出的油液经换向阀直接回油箱，这时泵出口压力下降，几乎为零（仅克服换向阀及管道的损失），液压泵消耗的功率很小。

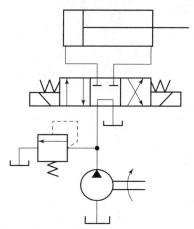

图 3-48 用中位机能为 M、H、K 型的三位主换向阀实现卸荷的回路

这种卸荷回路结构简单，但当压力较高、流量较大时容易产生冲击，故一般适用于压力较低和小流量的场合，并且不能用于一泵驱动两个或两个以上执行元件的系统。

2. 并联二位二通电磁换向阀的卸荷回路

图 3-49 所示为并联二位二通电磁换向阀的卸荷回路。当系统工作时，二位二通电磁换向阀失电，切断液压泵出口与油箱之间的通道，泵输出的液压油进入系统；当工作部件停止运动时，二位二通电磁换向阀通电，泵输出的油液经该阀直接流回油箱，使液压泵卸荷。这种卸荷回路虽然简单，但二位二通电磁换向阀应通过泵的全部流量，因此选用的规格应与泵的公称流量相适应，其结构尺寸较大。

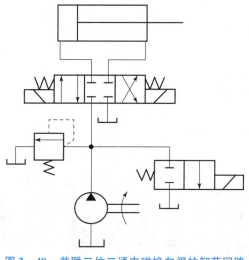

图 3-49 并联二位二通电磁换向阀的卸荷回路

3. 采用二位二通电磁换向阀与先导型溢流阀的卸荷回路

图3-50所示为采用二位二通电磁换向阀与先导型溢流阀的卸荷回路。二位二通电磁换向阀与先导型溢流阀的远程控制口相连接，当工作部件停止运动时，二位二通电磁换向阀通电，使先导型溢流阀的远程控制口接通油箱，此时先导型溢流阀主阀阀芯的阀口全开，液压泵输出的油液以很低的压力经先导型溢流阀流回油箱（有少部分油液先是通过先导型溢流阀遥控口然后经二位二通电磁换向阀流回油箱），液压泵卸荷。这种卸荷回路便于远距离控制，同时二位二通电磁换向阀可选用小流量规格。这种卸荷方式要比直接用二位二通电磁换向阀的卸荷方式更加平稳。

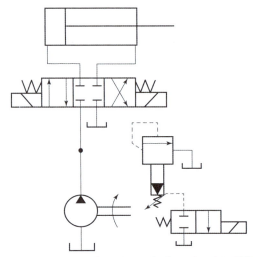

图3-50　采用二位二通电磁换向阀与先导型溢流阀的卸荷回路

六、平衡回路

为了防止立式液压缸或垂直运动工作部件由于自重的作用而下滑造成事故，或在下行中因自重而造成超速运动，使运动不平稳，在系统中可采用平衡回路。

图3-51（a）所示为采用单向顺序阀的平衡回路。在1YA得电后活塞下行，回油路上存在着一定的背压，只要将这个背压调节到能支承住活塞和与其相连的工作部件的自重，活塞就可以平稳地下落。当换向阀处于中位时，活塞就停止运动，不再继续下移。这种回路当活塞向下快速运动时，功率损失大，而处于锁住状态时活塞和与其相连的工作部件会因单向顺序阀和换向阀的泄漏而缓慢下落，因此，它只适用于工作部件质量不大、活塞锁住时定位要求不高的场合。

图3-51（b）所示为采用液控顺序阀的平衡回路。当活塞下行时，控制液压油打开液控顺序阀，背压消失，因此，回路效率较高；当停止工作时，液控顺序阀会关闭以防止活塞和工作部件因自重而下降。这种平衡回路的优点是只有上腔进油时活塞才下行，比较安全可靠；缺点是活塞下行时平稳性较差。这是因为活塞下行时，液压缸上腔油压降低，将使液控顺序阀关闭。而液控顺序阀关闭，会导致活塞停止下行，使液压缸上腔油压升高，又打开液控顺序阀。因此，液控顺序阀始终工作于启闭的过渡状态，系统平稳性较差。这种回路适用于工作部件质量不大的液压系统，目前在插床和一些锻压机械上应用比较广泛。

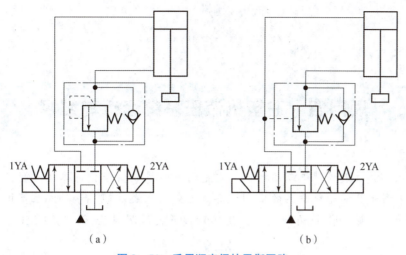

（a）   （b）

图 3 - 51　采用顺序阀的平衡回路

（a）采用单向顺序阀；（b）采用液控顺序阀

项目四 注塑机液压系统运行与维修

注塑机又称注射成型机或注射机，它是利用塑料成型模具将热塑性塑料或热固性塑料制成各种形状的塑料制品的成型设备，可分为立式注塑机和卧式注塑机。注塑机能加热塑料，对熔融塑料施加高压，使其射出并充满模具型腔。SZ - 250A 注塑机如图 4 - 1 所示。

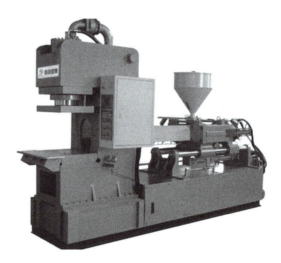

图 4 - 1 SZ - 250A 注塑机

本项目选取注塑机液压系统运行故障诊断与维修作为学习任务，通过学习掌握以下学习目标。

学习目标

1. 知识目标

（1）了解注塑机的结构、功用。

（2）熟悉注塑机的工作过程。

（3）了解注塑机液压系统。

2. 技能目标

（1）能够阅读和分析注塑机液压系统原理图。

（2）能够准确、快速排除注塑机液压系统常见故障。

（3）能够合理选用流量阀实现液压回路控制要求。

3. 素质目标

（1）具有收集、整理资料，从众多资料中搜集有用信息的能力和习惯。

（2）具有标准意识，严格遵守国家标准、行业标准，进行规范操作。

（3）善于思考，能够进行设备的改进，降低故障的发生和提高工作效率。

（4）学生在实践教学环节中，严格执行实验室的操作规范，培养良好的设备安全操作习惯。

任务一　SZ-250A注塑机系统认知

 学习目标

1. 知识目标

（1）了解 SZ-250A 注塑机液压系统的工作原理。

（2）了解 SZ-250A 注塑机常见的故障现象。

（3）熟悉 SZ-250A 注塑机的工作过程。

2. 技能目标

能够分析 SZ-250A 注塑机的工作过程。

3. 素质目标

培养收集、整理资料，从众多资料中搜集有用信息的能力和习惯。

注塑机系统
认知微课

 **任务描述**

某企业购进一台 SZ-250A 注塑机，为了让设备更好地服务企业日常生产运作，请通过查阅相关资料和文献了解该设备的相关技术参数、操作方法、工作过程及其液压系统构成，从而熟悉注塑机液压系统工作原理及常见的故障现象。

 知识储备

一、注塑机的结构

本设备为 SZ-250A 注塑机，其结构图如图 4-2 所示。注塑机主要由四大部分组成：合模装置、注射装置、驱动装置、控制装置。

（1）合模装置主要是实现模具的可靠启闭，并在注射、保压时保证足够的锁紧力，防止塑件溢边，实现塑件的脱模。

（2）注射装置是使塑料均匀受热、熔融、塑化，并达到流动状态，然后在一定的压力和速度下，将定量的熔料注射到模腔中；注射结束后，对模腔内的熔料进行保压，并向模腔中补料。

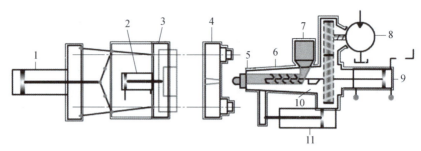

图 4 - 2 SZ - 250A 注塑机结构图

1—合模缸；2—顶出缸；3—动模板；4—定模板；5—喷嘴；6—料筒；
7—料斗；8—预塑液压马达；9—注射缸；10—注射螺杆；11—注射座移动缸

（3）驱动装置是在注塑机按工艺要求进行动作时提供所要求的动力，满足运动部件在运动时所需力和速度的要求。

（4）控制系统是注塑机的"大脑"，它控制着注塑机的各种动作，使它们按预先制订的程序，实现对时间、位置、压力、速度等参数的有效控制和调节。

二、注塑机工艺流程

注塑机的工艺流程为：合模→注射座前进→注射→保压→预塑、冷却→注射座后退→开模→顶出制品→顶出缸后退→合模。

由于注射成型工艺顺序动作多、成型周期短、需要很大的注射压力和合模力，因此，注塑机多采用液压传动。注塑机对液压系统的要求是要有足够的合模力，可调节的合模速度和开模速度，可调节的注射压力和注射速度，保压时可调的保压压力，系统还应设有安全联锁装置。

三、注塑机的液压系统

SZ - 250A 型注塑机属中小型注塑机，每次最大注射容量为 0.25 L。系统采用双泵供油，大流量泵 1 流量为 194 L/min，最高压力由电磁溢流阀 3 控制。小流量泵 2 流量为 48 L/min，其压力由电磁溢流阀 4、溢流阀 18、19、20 和电磁换向阀 17、21 组成的多级调压回路控制。各执行元件的动作循环依靠行程开关切换电磁换向阀、电液换向阀来实现。现以上述的工艺流程说明该注塑机液压系统的工作原理，如图 4 - 3 所示。

（1）关安全门。

为保证操作安全，注塑机都装有安全门。关安全门，行程阀 6 靠弹簧复位，整个动作循环才能开始。

（2）合模。

此过程中，动模板慢速启动、快速前移，接近定模板时，液压系统转为低压、慢速控制。在确认模具内没有异物存在后，系统转为高压使模具闭合。这里采用了液压 - 机械组合式合模机构，合模缸通过对称五连杆机构推动模板进行开模和合模，连杆机构具有增力和自锁作用。

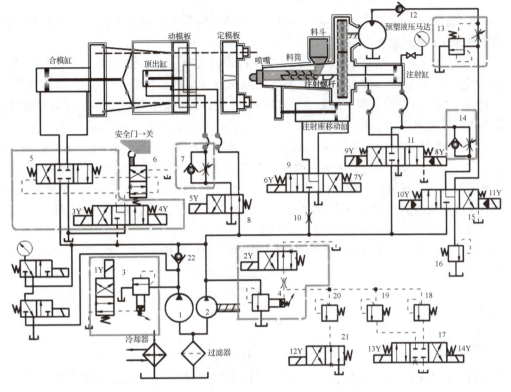

图 4-3　SZ-250A 型注塑机液压系统

1）慢速合模。电磁铁 2Y、3Y 带电，大流量泵 1 通过电磁溢流阀 3 卸荷，小流量泵 2 的最高压力由电磁溢流阀 4 调定，小流量泵 2 输出油液经电液换向阀 5 右位进入合模缸左腔，推动活塞带动连杆慢速合模，合模缸右腔油液经电液换向阀 5 右位和冷却器回油箱。

2）快速合模。当动模板触及慢速转快速行程开关时，电磁铁 1Y 得电，2Y、3Y 带电，大流量泵 1 不再卸荷，其输出的全部油液经单向阀 22 与小流量泵 2 的供油汇合，同时向合模缸左腔供油，实现快速合模。

3）低压合模。当动模板接近闭合，触及低压保护行程开关时，电磁铁 1Y 失电，13Y 得电，2Y、3Y 带电，大流量泵 1 卸荷，小流量泵 2 单独供油，其压力由远程调压阀 18 控制。由于远程调压阀 18 所调压力较低，合模缸推力较小，即使两个模板间有硬质异物，也不致损坏模具表面。

4）高压合模。当动模板超过低压保护区段，触及高压锁模行程开关时，电磁铁 13Y 断电，2Y、3Y 带电，大流量泵 1 卸荷，小流量泵 2 单独供油。系统压力由高压电磁溢流阀 4 控制，高压合模并使连杆产生弹性变形，牢固地锁紧模具。

（3）注射座前移。

当动模板触及高压锁模结束行程开关时，电磁铁 3Y 失电，7Y 得电，2Y 带电，大流量泵 1 卸荷，小流量泵 2 的液压油经电磁换向阀 9 右位进入注射座移动缸右腔，注射座前移使喷嘴与模具接触，注射座移动缸左腔油液经电磁换向阀 9 右位回油箱。

（4）注射。

在注射过程中，注射螺杆以一定的压力和速度将料筒前端的熔料经喷嘴注入模腔。分慢速注射和快速注射两种。

1）慢速注射。当注射座前移触及结束行程开关时，电磁铁10Y、12Y得电，2Y、7Y带电，大流量泵1卸荷，小流量泵2的液压油经电液换向阀15左位、单向节流阀14进入注射缸右腔，左腔油液经电液换向阀11中位回油箱，注射缸活塞带动注射螺杆慢速注射。注射速度由单向节流阀14调节，远程调压阀20起定压作用。

2）快速注射。当注射缸触及慢速注射结束行程开关时，电磁铁1Y、8Y得电，2Y、7Y、10Y、12Y带电，大流量泵1、小流量泵2的液压油合并，经电液换向阀11右位进入注射缸右腔。左腔油液经电液换向阀11右位回油箱。由于两个泵同时供油，且不经过单向节流阀14，注射速度加快。此时，远程调压阀20起安全阀作用。

（5）保压。

当注射缸触及注射结束行程开关时，电磁铁14Y得电，1Y、8Y、12Y断电，2Y、7Y、10Y带电，大流量泵1卸荷，小流量泵2单独供油。由于注射缸对模腔内的熔料实行保压并补塑，只需少量油液，因此，多余的油液经电磁溢流阀4溢回油箱。保压压力由远程调压阀19控制。

（6）预塑。

在预塑过程中，从料斗加入的物料随着注射螺杆的转动被带至料筒前端，进行加热塑化，并建立起一定压力。当注射螺杆头部熔料压力到达能克服注射缸活塞退回的阻力时，注射螺杆开始后退；当后退到预定位置，即注射螺杆头部熔料达到所需注射量时，注射螺杆停止转动和后退，准备下一次注射。与此同时，在模腔内的制品冷却成型。注射螺杆转动由预塑液压马达通过齿轮机构驱动。

保压结束后，时间继电器发出信号，电磁铁1Y、11Y得电，10Y、14Y失电，2Y、7Y带电，大流量泵1和小流量泵2的液压油经电液换向阀15右位、旁通型调速阀13和单向阀12进入预塑液压马达，预塑液压马达的转速由旁通型调速阀13控制，电磁溢流阀4为安全阀。注射螺杆头部熔料压力迫使注射缸后退时，注射缸右腔油液经单向节流阀14、电液换向阀15右位和背压阀16回油箱，其背压力由背压阀16控制。同时注射缸左腔产生局部真空，油液在大气压作用下经电液换向阀11中位进入油箱。

（7）防流涎。

采用直通敞开式喷嘴时，若预塑加料结束，则应使注射螺杆后退一小段距离，以减小料筒前端压力，防止喷嘴端部物料流出。

当注射缸活塞退回触及预塑结束行程开关时，电磁铁9Y得电，1Y、11Y断电，2Y、7Y带电，大流量泵1卸荷，小流量泵2液压油一方面经电磁换向阀9右位进入注射座移动缸右腔，使喷嘴与模具保持接触，另一方面经电液换向阀11左位进入注射缸左腔，使注射螺杆强制后退。注射座移动缸左腔和注射缸右腔油液分别经电磁换向阀9和电液换向阀11回油箱。

（8）注射座后退。

当注射缸活塞后退至触及防流涎结束行程开关时，电磁铁6Y得电，7Y、9Y断电，

2Y 带电，大流量泵 1 卸荷，小流量泵 2 液压油经电磁换向阀 9 左位使注射座后退。

（9）开模。

开模速度一般为慢—快—慢。

1）慢速开模：当注射座后退触及结束行程开关时，电磁铁 4Y 得电，6Y 断电，2Y 带电，大流量泵 1 卸荷，小流量泵 2 液压油经电液换向阀 5 左位进入合模缸右腔，合模缸以慢速 I 后退开模，左腔油液经电液换向阀 5 回油箱。

2）快速开模：当动模板触及快速开模行程开关时，电磁铁 1Y 得电，2Y、4Y 带电，大流量泵 1、小流量泵 2 液压油合并，经电液换向阀 5 左位进入合模缸右腔，左腔油液经电液换向阀 5 回油箱。

3）慢速开模：当动模板触及慢速 II 开模行程开关时，电磁铁 1Y 得电，2Y 断电，4Y 带电，小流量泵 2 卸荷，大流量泵 1 液压油经电液换向阀 5 左位进入合模缸右腔，合模缸以慢速 II 后退开模，左腔油液经电液换向阀 5 回油箱。

（10）顶出。

1）顶出缸前进：当动模板触及开模结束行程开关时，电磁铁 2Y、5Y 得电，1Y、4Y 断电，大流量泵 1 卸荷，小流量泵 2 液压油经电磁换向阀 8 左位、单向节流阀 7 进入顶出缸左腔，推动顶出杆顶出制品。其运动速度由单向节流阀 7 调节，电磁溢流阀 4 为定压阀。

2）顶出缸后退：当顶出缸前进触及结束行程开关时，电磁铁 5Y 断电，2Y 带电，大流量泵 1 卸荷，小流量泵 2 的液压油经电磁换向阀 8 中位使顶出缸后退。

注塑机快速合模失灵故障排除

学习目标

1. 知识目标

（1）掌握流量阀的结构、工作原理和应用场合。
（2）掌握流量阀的图形符号。
（3）熟悉流量阀的故障诊断。
（4）掌握流量阀常见故障及其排除方法。

2. 技能目标

（1）能够选用合适的流量阀。
（2）能够排除流量阀的常见故障。
（3）掌握流量阀的结构和工作原理。

3. 素质目标

（1）具有"6S"管理操作规范意识。
（2）具有安全操作意识。
（3）具有国家标准、行业标准意识。

**快速合模失灵
故障排除微课**

注塑机快速合模失灵时使注塑机出现合模过程中速度不能提高，影响企业的生产率，因此，针对这台注塑机的使用情况，需进行故障分析诊断并排除故障。

通过对故障原因的分析，发现是由于流量阀卡滞导致注塑机快速合模失灵。请根据实际情况选定合适的解决方案排除该故障：方案一，对该流量阀故障原因进行进一步诊断并排除其故障；方案二，选用合适的流量阀对其进行替换。

流量阀是用于控制液压系统流量的液压阀，它通过改变阀口通流截面面积来调节输出流量，从而控制执行元件的运动速度。常见的流量阀有节流阀、调速阀、溢流节流阀及分流集流阀等。

知识储备

一、节流阀

1. 结构与工作原理

图 4–4 所示为一种典型节流阀的结构原理图和图形符号。油液从进油口 P_1 进入，经阀芯上的三角槽节流口，从出油口 P_2 流出，转动手柄可使推杆推动阀芯做轴向移动，从而改变节流阀的通流面积，以改变流量的大小。图 4–5 所示为单向节流阀的结构原理图及图形符号。当液压油从油口 P_1 流入时，经阀芯上的三角槽节流口从油口 P_2 流出，这时单向节流阀起节流作用；当液压油从油口 P_2 流入时，在液压油作用下，阀芯克服软弹簧的作用力而下移，油液不再经过节流口而直接从油口 P_1 流出，这时单向节流阀起单向阀作用。

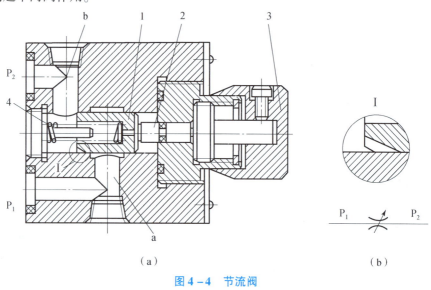

（a）

（b）

图 4–4 节流阀

（a）结构原理图；（b）图形符号

1—阀芯；2—推杆；3—手柄；4—弹簧

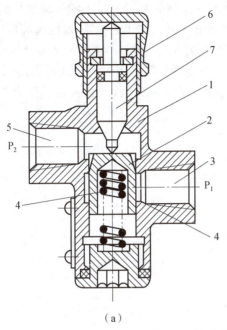

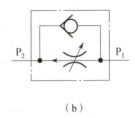

（a）　　　　　　　　　　　　（b）

图 4 – 5　单向节流阀

（a）结构原理图；（b）图形符号

1—阀体；2—阀芯；3、5—油口；4—弹簧；6—手柄；7—推杆

2. 节流阀的应用

节流阀和单向节流阀是简易的流量阀，它们在定量泵液压系统中的主要作用是与溢流阀配合，组成三种节流调速回路，即进油节流调速回路、回油节流调速回路和旁路节流调速回路。节流阀也可使用在容积节流调速回路中，这种阀没有压力及温度补偿装置，不能自动补偿负载及油液黏度变化时所造成的速度不稳定，但其结构简单，制造和维护方便，所以可以在负载变化不大或对速度稳定性要求不高的液压系统中使用。节流阀在系统中的作用是调控伸缩缸的运动速度。

二、调速阀

在节流调速系统中，当通流面积调定后，如果负载发生变化，则会使节流阀两端压力差发生变化，从公式 $q = KA_T \Delta p^m$ 可知，通过节流阀的流量也随之发生变化，从而使执行元件的运动速度不稳定。因此，节流阀只适用于负载变化不大、速度稳定性要求不高的场合。为解决负载变化大的执行元件的速度稳定性问题，通常是对节流阀进行压力补偿，即采取措施保证在负载变化时，节流阀前后压力差不变。对节流阀的压力补偿有两种方式：一种是由定差减压阀串联节流阀组成调速阀；另一种是由压差式溢流阀与节流阀并联组成溢流节流阀。

1. 调速阀的工作原理及结构

（1）调速阀的工作原理。

图 4 – 6（a）、图 4 – 6（b）、图 4 – 6（c）所示分别为调速阀的工作原理、详细图形符号和简化图形符号。为了使节流阀前后的压力差不随负载发生变化，采用一个定

差减压阀与节流阀串联组合起来，使通过节流阀的调定流量不随负载变化而改变，就可以有效提高流量的稳定性。调节原理如下：液压油压力 p_1 经减压阀阀口后变为 p_2，p_2 同时进入减压阀阀芯大端左腔 b 和小端左腔 a；p_2 经过节流阀后变为负载压力 p_3；p_3 再引入减压阀阀芯大端右腔 c。因为 a、b、c 各腔有效作用面积有如下关系：$A = A_1 + A_2$，所以当阀芯在某一位置平衡时有 $p_2 A_1 + p_2 A_2 = p_3 A + F_s$。而节流阀前后压力差 $\Delta p = p_2 - p_3$，所以得 $\Delta p = p_2 - p_3 = F_s / A$。

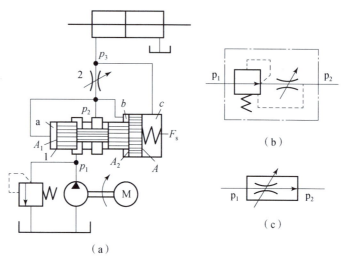

图 4-6　调速阀

1—减压阀；2—节流阀

由于减压阀阀芯移动量不大，且弹簧刚度很小，所以 F_s 基本不变，这就保证了 Δp 基本不变。假如负载突然增大，造成 p_3 加大，迫使减压阀阀芯左移，阀口开大，则液阻减小，使 p_2 也增大，仍保持 Δp 不变；相反，若 p_3 减小，导致减压阀芯右移，则液阻增大，p_2 也跟着减少，还能保持 Δp 不变。

调速阀和节流阀的流量特性（即 q 与 Δp 的关系）曲线如图 4-7 所示。由图 4-7 中可以看出，通过节流阀的流量随其进出口压力差发生变化，而调速阀的流量特性曲线在 Δp 大于 Δp_{min} 时，基本上是一条水平线，即进出口压力差变化时，通过调速阀的流量基本不变。只有当压力差很小，一般 $\Delta p = 0.5 \sim 1$ MPa 时，调速阀的流量特性曲线才

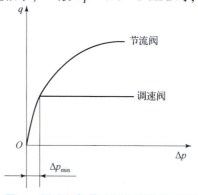

图-7　调速阀与节流阀的流量特性曲线

会与节流阀的流量特性曲线重合，这是因为此时调速阀中的减压阀处于非工作状态，减压阀口全开，调速阀只相当于一个节流阀。

单向调速阀只是在结构上增加了一个单向阀，油液正向流动时起调速作用，油液反向流动时起单向阀作用。

为了保证调速阀的正常工作，在设计系统与使用调速阀时要使调速阀最小压力差大于 Δp_{min}。对高压调速阀，其进出油口的最小压力差一般取 1 MPa；而中低压调速阀的最小压力差一般取 0.5 MPa。

（2）调速阀的结构。

图 4 - 8 所示为调速阀的结构，其节流阀阀芯与减压阀阀芯轴线呈空间垂直位置安装在阀体内。工作时，液压油由进油口 P_1 进入减压阀右面环形槽 a，经阀口后进入环形槽 b，再经过孔 c 到达节流阀阀芯 2 的环形槽，经过节流口进入 d 腔，最后经过孔 e 从出油口 P_2 流出。b 腔中液压油经孔 h 和减压阀阀芯上的孔 j 分别进入减压阀阀芯大小端右腔，节流后的 e 腔液压油经孔 f 和 g 进入减压阀阀芯大端左腔。调节调速手柄 1，使节流阀阀芯轴向移动，就可以调节阀口开度，控制流量。

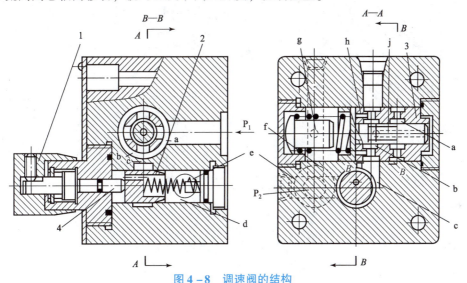

图 4 - 8　调速阀的结构
1—调速手柄；2—节流阀阀芯；3—轴套；4—调节推杆

如果在节流阀阀芯与调节推杆之间加装一个热膨胀系数较大的聚氯乙烯温度补偿杆，则在油温升高时，就可使补偿杆膨胀增长，自动关小阀口，补偿因温度升高造成的流量变化，可进一步提高流量稳定性。中压调速阀工作压力为 0.5 ~ 6.3 MPa，进、出油口不能调换使用。

2. 调速阀的应用

调速阀和节流阀在液压系统中的应用基本相同，主要与定量泵、溢流阀组成节流调速系统。

调速阀适用于执行元件负载变化大，而运动速度稳定性又要求较高的液压系统。与节流阀调速一样，可将调速阀装在进油路上、回油路上或旁路上，也可用于执行机构往复节流调速回路和容积节流调速回路中。

三、溢流节流阀

1. 溢流节流阀的工作原理及典型结构

溢流节流阀是由起稳压作用的溢流阀（压力补偿装置）和节流阀并联而成，如图4-9（c）所示。进油腔的油液压力为 p_1，油液一部分进入节流阀，另一部分经溢流口流回油箱。经节流阀后的出油压力为 p_2。p_1 和 p_2 又分别作用到溢流阀阀芯的下端和上端。当负载增加，即 p_2 增加时，阀芯随之下移，关小溢流口，使 p_1 增加，因此，节流阀前后的压力差（p_1-p_2）基本保持不变；当负载减小，即 p_2 减小时，阀芯跟着上移，溢流口加大，接着压力 p_1 降低，压力差（p_1-p_2）仍保持不变，因此，流量也基本不变。

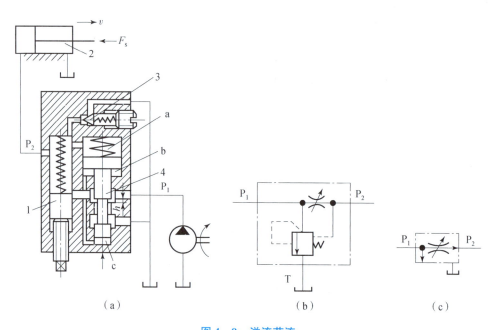

图4-9 溢流节流

（a）结构原理图；（b）详细图形符号；（c）简化图形符号

1—节流阀阀芯；2—液压缸；3—安全阀阀芯；4—溢流阀阀芯

一般在溢流节流阀中装有安全阀，以防止系统过载。它还有温度补偿装置。当将安全阀阀芯后的弹簧调松时，可使泵卸荷。

2. 溢流节流阀的应用

与调速阀比较，溢流节流阀能使系统压力随负载变化，故功率损失小，系统发热量减小。但一般溢流节流阀压力补偿装置中的弹簧较硬，故压力波动较大，流量稳定性较差，流量小时更甚。因此，溢流节流阀多用于对调速稳定性要求较低的系统，一般与变量泵组成联合调速系统。

四、分流集流阀

分流集流阀可以使两个或两个以上的执行元件在承受不同负载时仍能获得相等（或成一定比例）的流量，从而实现执行元件的同步运动，故也称同步阀。根据流量分配情况，分流集流阀可分为等量式分流集流阀和比例式分流集流阀两种；根据油液流动方向，可分为分流阀、集流阀和分流集流阀等。

1. 工作原理

图4-10（a）所示为分流阀的结构原理图。它由两个固定节流孔1、2，阀体5，阀芯6和两个对中弹簧7等主要零件组成。对中弹簧保证阀芯处于中间位置，两个可变节流口3、4的通流面积相等（液阻相等）。阀芯中间的台肩将阀分成完全对称的左、右两部分，位于左边的油室a通过阀芯上的轴向小孔与阀芯右端的弹簧腔相通，位于右边的油室b通过阀芯上的另一轴向小孔与阀芯左端的弹簧腔相通。液压泵进油经过液阻相等的固定节流孔1和2后，压力分别为p_1和p_2，然后经可变节流口3和4分成两条并联支路Ⅰ和Ⅱ（压力分别为p_3和p_4），通往两个几何尺寸完全相同的执行元件。当两个执行元件的负载相等时，两出口压力$p_3 = p_4$，则两条支路的进出口压力差相等，因此，输出流量相等，两执行元件同步。

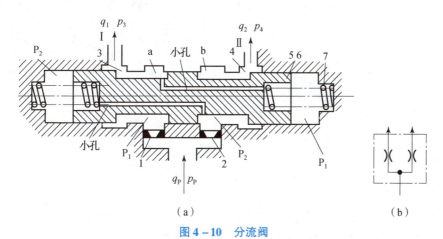

图4-10　分流阀

（a）结构原理图；（b）图形符号

1，2—固定节流孔；3，4—可变节流口；5—阀体；6—阀芯；7—弹簧

当执行元件的负载变化导致出口压力p_3增大时，由图4-10中油路可知，p_1随之增大，$\Delta p = p_P - p_1$减小，使输出流量$q_1 < q_2$，导致执行元件的速度不同步。此时由于$p_1 > p_2$，压力差使阀芯向左移动，可变节流口3的通流面积增大、液阻减小，继而p_1减小；可变节流口4的通流面积减小，液阻增大，于是p_2增大。直至$p_1 = p_2$，阀芯受力重新实现平衡，稳定在新的位置。此时，两个可变节流口（孔）的通流面积不相等，两个可变节流口的液阻也不相等，但恰好能保证两个固定节流孔前后的压力差相等，保证两个出油口的流量相等，使两执行元件的速度恢复同步。

2. 分流集流阀的应用

分流集流阀在液压系统中的主要作用是保证2～4个执行元件的速度同步，同步精度一般为2%～5%（同步精度是指两个液压缸间最大位置误差与行程的百分比）。这种同步回路简单经济，且两缸在承受不同负载时仍能实现同步。但分流集流阀压力损失大，因此，不适宜于低压系统。图4-11所示为分流集流阀的应用实例。

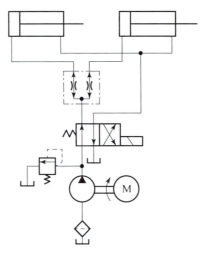

图 4-11　分流集流阀的应用实例

 任务三 调速回路的搭建调试

学习目标

1. 知识目标

（1）了解调速回路的功用、分类。
（2）掌握调速回路的调速原理。
（3）熟悉调速回路的故障排除。

2. 技能目标

（1）能够进行调速回路的安装调试。
（2）能够进行调速回路元件的更换、选用。

3. 素质目标

（1）具有"6S"管理操作规范意识。
（2）具有安全操作意识。
（3）具有国家标准、行业标准意识。

任务描述

　　液压系统中，用于控制调节执行元件速度的回路称为速度控制回路。速度控制回路是液压系统的核心部分，几乎所有的执行元件都有控制运动速度的要求，其工作性能的好坏对整个系统的性能起着决定性的作用。

本任务主要介绍节流调速、容积调速、容积节流调速、快速运动、速度换接等常用的速度控制回路的组成、工作原理、特点及应用。学生通过相关知识的学习和技能训练，应掌握各类速度控制回路的组成和工作原理；具备熟练分析调速回路、快速运动回路和速度换接回路的工作原理和特点的能力。

调速回路的
搭建微课

知识储备

一、调速回路

调速回路是用来调节执行元件运动速度的回路，在不考虑液压油的压缩性和泄漏的情况下，液压缸的速度为

$$v = \frac{q}{A} \qquad (4-1)$$

液压马达的转速为

$$n = \frac{q}{V_M} \qquad (4-2)$$

式中，q 为输入液压缸、液压马达的流量；A 为液压缸的有效工作面积；V_M 为液压马达的排量。

由式（4-1）、式（4-2）可知，改变输入液压执行元件的流量 q 或改变液压缸的有效面积 A（或液压马达的排量 V_M）均可达到改变速度的目的。但改变液压缸工作面积的方法在实际中是不现实的，因此，只能通过改变进入液压元件的流量或改变变量液压马达排量来调速。为了改变进入液压执行元件的流量，可采用变量液压泵来供油，也可采用定量泵和流量阀，通过改变流量阀的流量来达到目的。用定量泵和流量阀来调速时，称为节流调速；用改变变量泵或变量液压马达的排量来调速时，称为容积调速；用变量泵和流量阀来调速时，称为容积节流调速。

1. 节流调速回路

节流调速回路是通过调节回路中流量控制元件（节流阀或调速阀）通流截面积的大小来控制流入执行元件的流量，以达到调节执行元件运动速度的目的。节流调速回路结构简单可靠、成本低、使用维护方便，但效率较低，因此，在小功率系统中得到广泛应用。

根据流量阀在回路中的安装位置不同，节流调速回路可分为进油节流调速回路、回油节流调速回路和旁路节流调速回路。

（1）进油节流调速回路。

在执行元件的进油路上串接一个流量阀，即构成进油节流调速回路，如图4-12（a）所示。在这种回路中，定量泵的供油压力由溢流阀调定，液压泵输出的油液一部分经节流阀流入液压缸的工作腔，推动活塞运动，多余的油液由溢流阀流回油箱。由于溢流阀有溢流，因此泵的出口压力就是溢流阀的调整压力，并基本保持恒定（定压）。调节节流阀的通流面积，即可调节节流阀的流量，从而调节液压缸的运动速度。

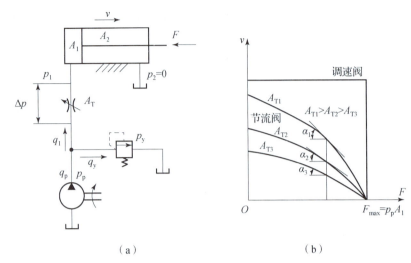

（a）　　　　　　　　　　　（b）

图 4 – 12　进油节流调速回路及其速度 – 负载特性曲线

（a）进油节流调速回路；（b）速度 – 负载特性曲线

1）速度 – 负载特性。

液压缸在稳定工作时，其受力平衡方程式为

$$p_1 A_1 = F + p_2 A_2 \tag{4-3}$$

式中，p_1、p_2 分别为液压缸进油腔和回油腔的压力；F 为液压缸的负载；A_1、A_2 分别为液压缸无杆腔和有杆腔的有效面积。

由于回油腔通油箱，$p_2 \approx 0$，所以有

$$p_1 = \frac{F}{A_1} \tag{4-4}$$

因为液压泵的供油压力 p_p 为定值，故节流阀两端的压力差为

$$\Delta p = p_p - p_1 = p_p - \frac{F}{A_1} \tag{4-5}$$

经节流阀进入液压缸的流量为

$$q_1 = KA_T \Delta p^m = KA_T \left(p_p - \frac{F}{A_1} \right)^m \tag{4-6}$$

式中，A_T 为节流阀的通流面积。

故液压缸的运动速度为

$$v = \frac{q_1}{A_1} = \frac{KA_T}{A_1} \left(p_p - \frac{F}{A_1} \right)^m \tag{4-7}$$

活塞的运动速度 v 与负载 F 的关系，称为速度 – 负载特性，式（4 – 7）即为进油节流调速回路的速度 – 负载特性方程式，由式（4 – 7）可得速度 – 负载特性曲线，如图 4 – 12（b）所示，它反映了该回路执行元件的速度随其负载而变化的规律。图 4 – 12（b）中，横坐标为液压缸的负载，纵坐标为液压缸或活塞的运动速度。下方三条曲线分别为节流阀通流面积为 A_{T1}、A_{T2}、A_{T3}（$A_{T1} > A_{T2} > A_{T3}$）时的速度 – 负载特性曲线。曲线越陡，说明负载变化对速度的影响越大，即速度的刚性越差；曲线越平

缓，说明速度刚性越好。分析上述特性曲线可知以下几点。

①当节流阀开口 A_T 一定时，液压缸的运动速度 v 随负载 F 的增加而降低，其特性较软。

②当节流阀开口 A_T 一定时，负载较小的区段曲线比较平缓，速度刚性好，负载较大的区段曲线较陡，速度刚性较差。

③在相同负载下工作，节流阀开口较小，液压缸的运动速度 v 较低时，曲线较平缓，速度刚性好；节流阀开口较大，缸的运动速度 v 较高时，曲线较陡，速度刚性较差。

由上述分析可知，当流量阀为节流阀时，进油节流调速回路应用于低速、轻载，且负载变化较小的液压系统，能使执行元件获得平稳的运动速度。

当流量阀采用调速阀时，从图 4-12（b）可以看出，其速度刚性明显优于相应的节流阀调速回路。因此，采用调速阀的进油节流调速回路可用于速度较高、负载较大，且负载变化较大的液压系统，但是这种回路的效率比用节流阀时要低些。

2）最大承载能力。

由式（4-7）可知：无论 A_T 为何值，当 $F = p_p A_1$ 时，节流阀两端压差 Δp 为零，活塞停止运动，此时液压泵输出的流量全部经溢流阀流回油箱。所以此 F 值即为该回路的最大承载值，即

$$F_{max} = p_p A_1 \tag{4-8}$$

3）功率和效率。

在节流阀进油节流调速回路中，液压泵的输出功率为 $P_p = p_p q_p = $ 常量。

液压缸的输出功率为

$$P_1 = Fv = F\frac{q_1}{A_1} = p_1 q_1 \tag{4-9}$$

所以该回路的功率损失为

$$\Delta P = P_p - P_1 = p_p q_p - p_1 q_1 = p_p(q_1 + q_y) - (p_p - \Delta p)q_1 = p_p q_y + \Delta p q_1 \tag{4-10}$$

式中，q_y 为通过溢流阀的溢流量，$q_y = q_p - q_1$。

由式（4-10）可知，这种调速回路的功率损失由两部分组成。

溢流损失为 $$\Delta P_y = p_p q_y \tag{4-11}$$

节流损失为 $$\Delta P_T = \Delta p q_1 \tag{4-12}$$

回路的效率为 $$\eta = \frac{P_1}{P_p} = \frac{Fv}{p_p q_p} = \frac{p_1 q_1}{p_p q_p} \tag{4-13}$$

由于存在两部分的功率损失，故这种调速回路的效率较低。当负载恒定或变化很小时，其效率可达 0.2~0.6；当负载变化大时，其最高效率仅为 0.385。机械加工设备常有"快进→工进→快退"的工作循环，工进时泵的大部分流量溢流，所以回路效率极低，而低效率导致油温升高和泄漏增加，进一步影响了速度的稳定性和效率。回路功率越大，问题越严重。

（2）回油节流调速回路。

如图 4-13 所示，回油节流调速回路是把节流阀串联在液压缸的回油路上，借助

节流阀控制液压缸的排油量 q_2 来实现速度调节。由于进入液压缸的进油量 q_1 受回油路排油量 q_2 的限制，因此，用节流阀来调节液压缸的排油量 q_2，也就调节了进油量 q_1，定量泵多余的油液仍经溢流阀流回油箱，从而使泵出口的压力稳定在调定值不变。

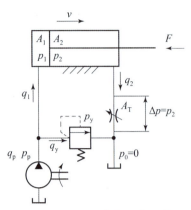

图 4-13　回油节流调速回路

1) 速度-负载特性：类似式 (4-7) 的推导过程，由液压缸活塞上的力平衡方程 ($p_2 \neq 0$) 和经过节流阀的流量方程 ($\Delta p = p_2$)，可得出液压缸的速度-负载特性为

$$v = \frac{q_2}{A_2} = \frac{KA_T\left(p_p\dfrac{A_1}{A_2} - \dfrac{F}{A_2}\right)^m}{A_2} \tag{4-14}$$

式中，A_1、A_2 为液压缸无杆腔和有杆腔的有效面积；F 为液压缸的外负载；A_T 为节流阀通流面积；p_p 为溢流阀的调定压力。

比较式 (4-7) 和式 (4-14) 可以发现，回油节流调速回路和进油节流调速回路的速度-负载特性基本相同。对于双出杆液压缸，两种节流调速回路的速度-负载特性完全一样。因此，对进路节流调速回路的一些分析完全适用于回油节流调速回路。

2) 最大承载能力：回油节流调速回路的最大承载能力与进油节流调速回路的最大承载能力相同。即

$$F_{max} = p_p A_1 \tag{4-15}$$

3) 功率和效率：在回油节流调速回路中，液压泵的输出功率与进油节流调速回路中泵的输出功率相同，即 $P_p = p_p q_p = 常量$。

液压缸的输出功率为　　$P_1 = Fv = (p_p A_1 - p_2 A_2)v = p_p q_1 - p_2 q_2 \tag{4-16}$

所以该回路的功率损失为

$$\Delta P = P_p - P_1 = p_p q_p - p_p q_1 + p_2 q_2 = p_p(q_p - q_1) + p_2 q_2 = p_p q_y + \Delta p q_2 \tag{4-17}$$

由式 (4-17) 可知，回油节流调速回路的功率损失也由两部分组成。

溢流损失为　　　　　　　　　　$\Delta P_y = p_p q_y \tag{4-18}$

节流损失为　　　　　　　　　　$\Delta P_T = \Delta p q_2 \tag{4-19}$

回路的效率为　　$\eta = \dfrac{Fv}{p_p q_p} = \dfrac{p_p q_1 - p_2 q_2}{p_p q_p} = \dfrac{\left(p_p - p_2\dfrac{A_2}{A_1}\right)q_1}{p_p q_p} \tag{4-20}$

当使用同一个液压缸和同一个溢流阀，且负载和活塞运动速度相同时，式（4－20）和式（4－13）是相同的，可以认为回油节流调速回路的效率和进油节流调速回路的效率基本相同，这种调速回路的效率也比较低。

从以上分析可知，进油节流调速回路和回油节流调速回路有许多相同之处，但是也有下述不同之处。

①承受负值负载的能力不同。对于回油节流调速回路，由于回油路上有节流阀产生背压，因此在负值负载时（负载方向与液压力方向相同的负载称为负值负载），背压能阻止工作部件的前冲，即能在负值负载的作用下工作，而且速度越快，背压也就越高；对于进油节流调速回路，由于回油腔没有背压，在负值负载的作用下，会出现失控而造成前冲，因此，不能承受负值负载。

②停车后的启动性能不同。长期停车后液压缸油腔内的油液会流回油箱，当重新启动液压泵向液压缸供油时，在回油节流调速回路中，由于进油路上没有节流阀控制流量，因此液压泵输出的流量会全部进入液压缸，从而造成活塞前冲现象；但在进油节流调速回路中，进入液压缸的流量总是先受到节流阀的限制，故活塞前冲很小，甚至没有前冲。

③实现压力控制的方便性不同。在进油节流调速回路中，进油腔的压力将随负载而变化，当工作部件碰到死挡铁而停止时，其压力会升高并能达到溢流阀的调定压力，利用这一压力变化值，可方便地实现压力控制（如用压力继电器发出信号）；但在回油节流调速回路中，只有回油腔的压力才会随负载而变化，当工作部件碰到死挡铁后，其压力降为零，虽然可用这一压力变化来实现压力控制，但其可靠性低，故一般不采用。

④运动平稳性不同。在回油节流调速回路中，由于有背压存在，它可以起阻尼作用，同时空气也不易渗入，因此，运动的平稳性较好；而在进油节流调速回路中则没有背压存在，因此，进油节流调速回路的运动平稳性比回油节流调速回路的运动平稳性要差一些。但对于单出杆液压缸，因为无杆腔的进油量大于有杆腔的回油量，所以进油节流调速回路能获得更低的稳定速度。

为了提高回路的综合性能，实际生产中采用较多的是进油节流调速回路，并在回油路上加背压阀，以提高运动的平稳性。这种方式兼具了两种回路的优点。

（3）旁路节流调速回路。

将流量阀设置在与执行元件并联的旁油路上，即构成了旁路节流调速回路，如图4－14（a）所示。该回路采用定量泵供油，流量阀的出口接油箱，节流阀调节了流回油箱的流量，控制了进入液压缸的流量，因此，调节节流阀的开口就调节了执行元件的运动速度，同时也调节了液压泵流回油箱的流量，起到了溢流的作用。由于溢流作用已由节流阀承担，故溢流阀实际上起安全阀的作用，它在常态时关闭，过载时才打开，其调定压力为液压缸最大工作压力的 1.1～1.2 倍。液压泵出口的压力与液压缸的工作压力相等，直接随负载的变化而改变，不为定值。流量阀进、出油口的压力差也等于液压缸进油腔的压力（流量阀出口压力可视为零）。

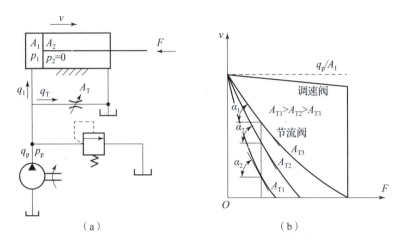

图 4 – 14 旁路节流调速回路及其速度 – 负载特性曲线
（a）旁路节流调速回路；（b）速度 – 负载特性曲线

图 4 – 14（b）所示为旁路节流调速回路的速度 – 负载特性曲线，分析该特性曲线可知，该回路有以下特点。

1）节流阀开口越大，进入液压缸中的流量越少，活塞运动速度就越低；反之，节流阀开口越小，活塞运动速度就越快。

2）当节流阀开口一定时，活塞的运动速度随负载的增大而减小，而且其速度刚性比进油节流调速回路、回油节流调速回路差。

3）当节流阀开口一定时，负载较小的区段曲线较陡，速度刚性差；负载较大的区段曲线较平缓，速度刚性较好。

4）在相同负载下工作，节流阀开口较小，活塞运动速度较高时，曲线平缓，速度刚性好；节流阀开口较大，活塞运动速度较低时，曲线较陡，速度刚性较差。

5）节流阀开口不同的各特性曲线，在负载坐标轴上不相交。这说明它们的最大承载能力不同。速度高其承载能力较大，速度越低其承载能力越小。

根据以上分析可知，旁路节流调速回路速度刚性和低速承载能力均差，故其应用比前两种回路少，只宜用于高速、重载，且对速度的平稳性要求不高的较大功率液压系统中，如液压牛头刨床的主传动系统、输送机械液压系统等。

若采用调速阀代替节流阀，则旁路节流调速回路的速度刚性会有明显的提高，如图 4 – 14（b）所示。旁路节流调速回路有节流损失，但无溢流损失，发热较少，其效率比进油节流调速回路、回油节流调速回路的效率要高。

2. 容积调速回路

容积调速回路是通过改变变量泵或变量液压马达的排量来调节执行元件运动速度的回路。容积调速回路与节流调速回路相比，既无溢流损失，又无节流损失，故效率高、系统发热小；其缺点是变量泵和变量液压马达的结构复杂、成本高，这种回路适用于功率较大的大型机床、液压机、工程机械、矿山机械等设备。

（1）变量泵与定量执行元件组成的容积调速回路。

图 4 – 15（a）所示为变量泵与液压缸组成的开式容积调速回路，图 4 – 15（b）所示

为变量泵与定量液压马达组成的闭式容积调速回路，两种回路都是通过改变变量泵的排量 V_p 实现对液压缸或液压马达的运动速度调节。变量泵输出流量全部进入执行元件，无节流损失和溢流损失。其中溢流阀 2 均起安全阀作用，用于防止系统过载，系统正常工作时安全阀关闭。图 4-15（b）中，泵 6 是补充泄漏用的辅助泵，其流量很小，当需要时，可顶开单向阀 5 向系统补油，另外该泵还起到置换部分已发热的油液、降低系统温度的作用。溢流阀 4 使变量泵吸油口有一定的补油压力，以防止空气吸入。

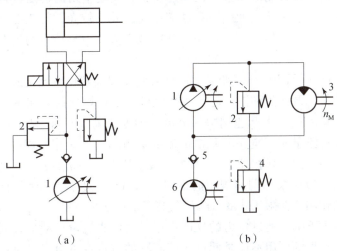

（a）　　　　　　　　　　　（b）

图 4-15　变量泵与定量执行元件组成的容积调速回路

（a）开式容积调速回路；（b）闭式容积调速回路

1—变量泵；2，4—溢流阀；3—定量液压马达；5—单向阀；6—泵

（2）定量泵与变量液压马达组成的容积调速回路。

图 4-16（a）所示为定量泵和变量液压马达组成的容积调速回路，辅助泵 4、溢流阀 2、5 的作用与闭式容积调速回路相同。定量泵 1 的输出流量不变，改变变量液压马达 3 的排量 V_M 就可改变其输出转速。在这种调速回路中，由于液压泵输出的流量为常数，当负载功率恒定时，变量液压马达输出功率 P_M 和回路工作压力 p 都恒定不变，而变量液压马达的输出转矩 T_M 与排量 V_M 成正比，转速 n_M 与排量 V_M 成反比。

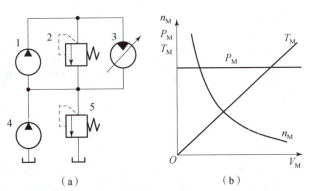

（a）　　　　　　　　　　　（b）

图 4-16　定量泵与变量液压马达组成的容积调速回路及其调速特性曲线

（a）容积调速回路；（b）调速特性曲线

1—定量泵；2，5—溢流阀；3—变量液压马达；4—辅助泵

其调速特性曲线如图 4 – 16（b）所示。从图 4 – 16（b）中可知输出功率 P_M 不变，故此回路又称恒功率调速回路。由于这种回路的调速范围很小，且不能使变量液压马达实现平稳的反向，故这种回路目前较少单独使用。

3. 容积节流调速回路

容积节流调速回路的工作原理是采用压力补偿型变量泵供油，用流量阀调定进入或流出液压缸的流量来控制液压缸的运动速度，并使变量泵的输油量自动地与液压缸所需的流量相适应。这种调速回路没有溢流损失、效率较高，其速度稳定性也比单纯的容积调速回路的速度稳定性好，常用于速度范围大、中小功率的场合，如组合机床的进给系统等。

图 4 – 17（a）所示为限压式变量叶片泵 – 调速阀式容积节流调速回路。该系统由限压式变量叶片泵、调速阀和液压缸等主要元件组成。调速阀装在进油路和回油路上均可。液压缸的运动速度由调速阀中的节流阀的通流截面积 A_T 来控制，在稳态工作时，变量泵输出的流量 q_p 与进入液压缸的流量 q_1 相等。其工作原理：在节流阀通流截面积 A_T 调定后，通过调速阀的流量 q_1 恒定不变。因此，当 $q_p > q_1$ 时，因回路中没有溢流阀，故多余的油液使泵和调速阀间的油路压力升高，也就是使泵的出口压力上升，通过压力的反馈作用会使限压式变量叶片泵的流量自动减小到 $q_P \approx q_1$；反之，当 $q_P < q_1$ 时，泵的出口压力下降，通过压力的反馈作用又会使其流量自动增大到 $q_P \approx q_1$。由此可见，调速阀在这里的作用不仅是使进入液压缸的流量保持恒定，而且还使泵的输出流量恒定，并与液压缸的流量相匹配。这样，泵的供油压力基本恒定不变，故又称定压式容积节流调速回路。

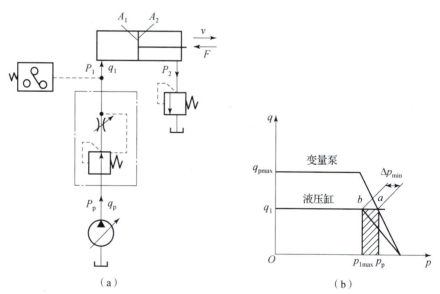

图 4 – 17　限压式变量叶片泵 – 调速阀式容积节流调速回路及其调速特性曲线
（a）容积节流调速回路；（b）调速回路的调速特性曲线

这种调速回路的速度刚性、运动平稳性、承载能力和调速范围都和与它对应的节流调速回路相同。

图 4 – 17（b）所示为该调速回路的调速特性曲线。由图 4 – 17（b）可见，这种回

路虽然没有溢流损失，但仍然有节流损失，其大小与液压缸的工作压力 p_1 有关。当进入液压缸的流量为 q_1 时，泵的供油流量应为 $q_p = q_1$，供油压力为 p_p，此时，液压缸工作压力的正常工作范围为

$$p_2 \frac{A_2}{A_1} \le p_1 \le (p_p - \Delta p_{min}) \qquad (4-21)$$

式中，Δp_{min} 为保证调速阀正常工作所需的最小压力差，一般应在 0.5 MPa 以上，其他符号意义同前。

这种调速回路的效率为

$$\eta_h = \frac{p_1 - p_2 \dfrac{A_2}{A_1}}{p_p} \qquad (4-22)$$

二、快速运动回路

某些机械要求执行元件在空行程时做快速运动，以提高生产率。常见的快速运动回路有以下几种。

1. 液压缸差动连接的快速运动回路

图 4-18 所示为液压缸差动连接的快速运动回路。当液压缸差动连接时，相当于减少了液压缸的有效面积，即有效面积仅为活塞杆的面积。这样，当相同流量进入液压缸时，其运动速度将明显提高。但是，此时活塞上的有效推力相应减少，因此，它一般适用于空载。图 4-18 中当电磁铁 3YA 不通电时，二位三通电磁换向阀 4 连通液压缸的左右腔，形成差动回路，使活塞实现快速运动；同时还可以通过二位三通电磁换向阀 4 右位使缸右腔回油路经调速阀 5，使活塞实现慢速运动。这种液压回路简单经济，应用较多；但快、慢速的转换不够平稳。

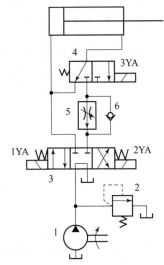

图 4-18　液压缸差动连接的快速运动回路

1—定量泵；2—溢流阀；3—三位四通电磁换向阀；4—二位三通电磁换向阀；5—调速阀；6—单向阀

2. 双泵供油的快速运动回路

图 4-19 所示为双泵供油的快速运动回路。泵 1 为高压、小流量泵，泵的流量按最

大工作进给速度需要来选取，工作压力由先导溢流阀5调定。泵2为低压、大流量泵，它的流量和高压、小流量泵1的流量加在一起应等于快速运动时所需的流量。液控顺序阀3的开启压力应比快速运动时所需的压力大0.8 MPa。

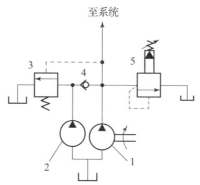

图4-19　双泵供油的快速运动回路

1—高压、小流量泵；2—低压、大流量泵；3—液控顺序阀；4—单向阀；5—先导溢流阀

　　快速运动时，由于负载小，系统压力小于液控顺序阀3的开启压力，因此液控顺序阀3关闭。低压、大流量泵2的油液通过单向阀4与高压、小流量泵1的油液汇合在一起向系统供油，以实现快速运动。工作进给时，负载加大，系统压力升高，液控顺序阀3打开，并关闭单向阀4，使低压、大流量泵2通过液控顺序阀3卸荷。此时，系统仅由高压、小流量泵1供油，实现工作进给。

　　用双泵供油的快速运动回路，在工作进给时，由于低压、大流量泵2卸荷，所以效率较高、功率利用合理，在组合机床液压系统中采用较多；其缺点是回路比较复杂、成本较高。

低压大流量泵
泵轴断裂故障
排除微课

3. 采用蓄能器的快速运动回路

　　图4-20所示为采用蓄能器的快速运动回路。该回路适用于系统短期需要大流量的场合。当系统停止工作时，三位四通电磁换向阀5处于中位，这时液压泵便经单向阀3向蓄能器4充油。蓄能器4油压达到规定值时，液控顺序阀2打开，定量泵1卸荷。当三位四通电磁换向阀5处于左端或右端位置时，定量泵1和蓄能器4共同向液压缸供油，实现快速运动。由于采用蓄能器和定量泵同时向系统供油，所以可用较小流量的定量泵来获得较快的运动速度。

三、速度换接回路

　　液压系统中常要求某一执行元件在完成一定的自动工作循环时，进行速度的换接，如先由快速运动转换为第一种工作进给速度，然后再进一步转换为更慢的第二种工作进给速度等。这种实现速度转换的回路，应能保证速度的转换平稳、可靠。

速度换接
回路的
搭建微课

1. 快、慢速换接回路

　　实现快、慢速换接的方法很多，常采用电磁换向阀和行程阀实现速度的转换。图4-21所示为用行程阀的速度换接回路。行程阀1处于图4-21所示位置，液压缸活

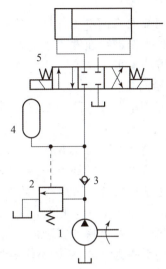

图 4 – 20　采用蓄能器的快速运动回路

1—定量泵；2—液控顺序阀；3—单向阀；4—蓄能器；5—三位四通电磁换向阀

塞快进到预定位置时，活塞杆上的挡块压下行程阀，行程阀关闭，液压缸右腔油液必须通过节流阀 2 才能流回油箱，活塞运动转为慢速工进。电磁换向阀左位接入回路时，液压油经单向阀 3 进入液压缸右腔，活塞快速向左返回。这种回路速度切换比较平稳，换接位置准确。但行程阀的安装位置不能任意布置，必须装在运动部件附近，管路连接也较为复杂。如果将行程阀改用电磁换向阀，并通过挡块压下电气行程开关来控制电磁铁的得失电，同样可实现快、慢速度的换接。使用电磁换向阀安装灵活、连接方便；但速度换接的平稳性、可靠性和换接精度相对较差。这种回路在机床液压系统中较为常见。

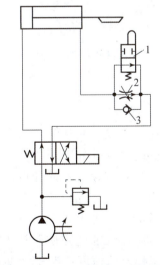

图 4 – 21　用行程阀的速度换接回路

1—行程阀；2—节流阀；3—单向阀

2. 两种工作进给速度的换接回路

某些设备的进给部件，有时需要有两种工作进给速度，一般第一种工作进给速度较大，大多用于粗加工；第二种工作进给速度较小，大多用于半精加工或精加工。两次工作进给速度常用以下两种方法来实现。

（1）串联调速阀的二次进给回路。

图4-22所示为用两个调速阀串联并与两个二位二通电磁阀联合组成的二次进给回路。当电磁铁1YA、4YA均通电时，液压油经二位二通电磁换向阀3进入液压缸左腔，使活塞向右快速前进；当4YA断电处于右位时，二位二通电磁换向阀3的油路被切断，液压油需先经调速阀5后再经二位二通电磁换向阀4进入到液压缸左腔，完成由快速转换为第一次工作进给速度；而当1YA、3YA均通电时，二位二通电磁换向阀4处于右位，该阀油路被断开，液压油在经过调速阀5后，必须再经过调速阀6，最后进入液压缸左腔，使活塞运动速度进一步下降，实现第二次工作进给速度。注意使用这种回路时，调速阀6的开口要小于调速阀5，否则不能实现二次进给（这种回路只能用于第二次进给速度小于第一次进给速度的场合），该回路速度换接平稳性较好。

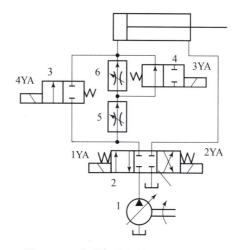

图4-22 串联调速阀的二次进给回路

1—变量泵；2—三位四通电磁换向阀；3，4—二位二通电磁换向阀；5，6—调速阀

（2）并联调速阀的二次进给回路。

图4-23所示为用两个调速阀并联，并与两个二位三通电磁换向阀联合组成的二次进给回路，该回路两个进给速度可以分别调节，互不影响。两个调速阀开口大小只要不同即可实现二次进给。如果调速阀4的开口大于调速阀5的开口，则当只有电磁铁1YA通电时，液压油经过二位三通电磁换向阀6的右位直接进入液压缸的左腔，使活塞向右快速运动；当4YA也通电时，二位三通电磁换向阀6的油路被切断，液压油便经过调速阀4后经二位三通电磁换向阀7左位再进入液压缸左腔，使活塞运动由快进转换为第一次工作进给速度；当3YA也通电时，使二位三通电磁换向阀7处于右位，液压油只能经过调速阀5后再经过二位三通电磁换向阀7右位进入液压缸左腔，使活塞的运动速度进一步下降为第二次工作进给速度。使用该回路时，

由于当一个调速阀工作时另一个调速阀无油通过，其定差减压阀处于最大开口位置，因此，在速度转换瞬间，通过该调速阀的流量过大会造成进给部件突然前冲。所以，这种回路不宜用于在工作过程中的速度换接，只可用在速度预选的场合。此外，执行元件还可以通过电液比例流量阀来实现速度的无级变换，切换过程平稳。

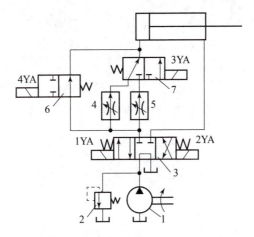

图4-23　并联调速阀的二次进给回路

1—定量泵；2—溢流阀；3—三位四通电磁换向阀；4，5—调速阀；6，7—二位三通电磁换向阀

任务四　其他液压阀的故障诊断及维修

学习目标

1. 知识目标

（1）了解叠加阀的功用、分类、工作原理。
（2）了解电液伺服阀的功用、分类、工作原理。
（3）了解数字液压阀的功用、分类、工作原理。

2. 技能目标

（1）能够使用与维修叠加阀。
（2）能够使用电液伺服阀和数字液压阀。

3. 素质目标

（1）具有"6S"管理操作规范意识。
（2）具有安全操作意识。
（3）具有国家标准、行业标准意识。

任务描述

液压系统中，除了常用的方向阀、压力阀和流量阀之外，还有其他类液压阀，如叠加式液压阀（简称叠加阀）、电液伺服阀、数字液压阀。

叠加阀是一种板式集成阀，单个叠加阀的工作原理与普通阀完全相同，不同的是叠加阀的上下两面设置成安装面，4个油口P、A、B、T从上至下贯通两面。相同规格的叠加阀贯通位置相同，因此，阀与阀之间可以相互连通，当选用不同功能的叠加阀元件时，即可组成不同功能的叠加阀回路。

电液伺服阀是一种集信号转换、功率放大、反馈平衡于一体的高性能阀。电液伺服阀具有精度高、反应快、动态响应好等优点，适用于动态响应要求高、输出功率大的场合。

数字液压阀是一种可以用计算机直接操纵控制的阀，不需数/模转换器。

本任务主要介绍叠加阀、电液伺服阀、数字液压阀的组成、工作原理、特点及应用。

知识储备

一、叠加阀

1. 叠加阀的结构和工作原理

叠加阀如图4-24及图4-25所示。它们是在板式阀集成化的基础上发展起来的新型液压元件。就工作原理而言，单个叠加阀的工作原理与普通阀完全相同，不同的是每个叠加阀的4个油口P、A、B、T上下贯通，它不仅起到单个阀的功能，而且是沟通阀与阀之间的通道。某一规格的叠加阀的连接安装尺寸与同一规格的电磁换向阀或电液换向阀一致。

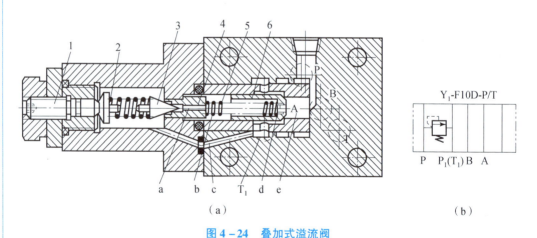

图4-24 叠加式溢流阀

(a) 结构；(b) 图形符号

1—推杆；2，5—弹簧；3—锥阀阀芯；4—锥阀阀座；6—主阀阀芯

这类阀的阀体，其上下两面做成安装面（安装面如图4-26所示，其尺寸见表4-1），安装在板式换向阀与底板之间，由有关的压力阀、流量阀和单向阀组成一个集成化控制回路。每个叠加阀除了具有液压阀功能外，还起着油路通道的作用。因此，由叠加阀组成的液压系统，阀与阀之间不需要另外的连接体，而是以阀体作为连接体，直接叠合再用螺栓连接而成。当选用相同直径系列的叠加阀叠

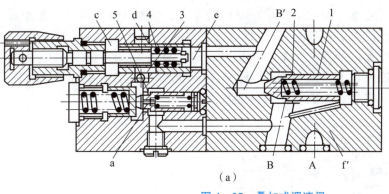

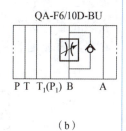

（a） （b）

图 4-25　叠加式调速阀

（a）结构；（b）图形符号

1—单向阀；2，4—弹簧；3—节流阀；5—减压阀

合在一起，并用螺栓连接时，即可组成所需的液压系统。叠加阀因其结构形状而得名。同一直径的各种叠加阀的油口和螺钉孔的大小、位置、数量都与相匹配的板式换向阀相同。

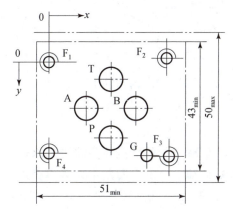

图 4-26　主油口最大直径为 6.3 mm 的减压阀、顺序阀、

卸荷阀、节流阀和单向阀的安装面（代号：03）

表 4-1　安装面的尺寸　　　　　　单位：mm

符号 尺寸	P	A	T	B	G	F_1	F_2	F_3	F_4
ϕ	6.3	6.3_{max}	6.3_{max}	6.3_{max}	3.4	M5	M5	M5	M5
x	21.5	12.7	21.5	30.2	33.0	0	40.5	40.5	0
y	25.90	15.50	5.10	15.50	31.75	0	-0.75	31.75	31.00

2. 单路叠加阀液压回路

单路叠加阀液压回路如图 4 - 27 所示，它由底板 1、叠加式减压阀 2、叠加式单向节流阀 3、叠加式双向液压锁 4、三位四通电磁换向阀 5 经叠加组合而成。由图 4 - 27 可知，一组叠加阀通常只控制一个执行元件（见图 4 - 27（b））。各阀的安装位置：标准式电磁换向阀安装在最上面，与执行元件连接的底板（座）布置在最下方，而叠加阀则安装在电磁换向阀与底板之间。

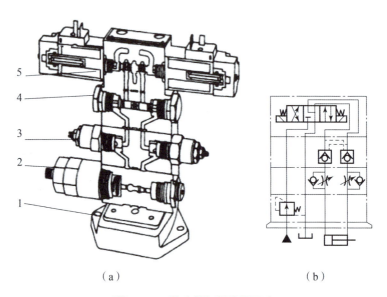

（a） （b）

图 4 - 27 单路叠加阀液压回路
（a）结构原理图；（b）图形符号原理图
1—底板；2—叠加式减压阀；3—叠加式单向节流阀；4—叠加式双向液压锁；5—三位四通电磁换向阀

该回路的工作任务是利用减压阀的减压作用将主油路送入的液压油经减压后送入夹紧缸，为夹紧缸的工作提供动力。由于回路中设置有叠加式双向液压锁，因此，夹紧缸有长时间保持夹紧工件的能力，直至三位四通电磁换向阀换向、液压缸退回为止。

3. 多路叠加阀液压回路

在叠加阀系统中，如果液压系统有几个需要集中控制的液压执行元件，则可采用多联底板，并列组成相应的多路叠加阀组，如图 4 - 28 所示。

4. 叠加阀的选型

国内生产的叠加阀直径有 6 mm、10 mm、16 mm、20 mm 和 32 mm 五个系列，公称压力系列为 10 MPa、20 MPa 和 31.5 MPa，其中以 20 MPa 的产品产量最大，我国生产的叠加阀连接尺寸符合 ISO 4401 国际标准。生产企业有大连组合机床研究所、江苏海门液压件厂、河北保定液压件厂、浙江象山液压件厂等。

国外生产叠加阀的公司较多，其中以德国力士乐公司、日本油研公司和美国威格士公司的产品具有代表性。国内外叠加阀部分产品系列见表 4 - 2，详细产品系列型谱及外形尺寸请参见有关样本。

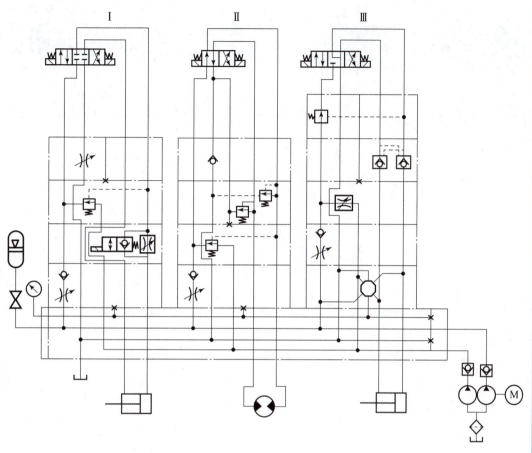

图 4 – 28　多路叠加阀液压回路

表 4 – 2　国内外叠加阀部分产品系列

名称	图形符号	直径/mm	中国型号	最高压力/MPa	德国型号	最高压力/MPa
溢流阀	P　T　B　A	6 10 20	Y – F＊6D – P/O Y1 – F＊10D – P/O Y2 – F＊20D – P/O	20	ZDB6VP2 – 30/＊ ZDB10VP2 – 30/＊	31.5
减压阀	P　T　B　A	6 10 20	J – F＊6D – P J – F＊10D – P J – F＊20D – P	20	ZDR6DP1 – 30/＊YM ZDR10DP1 – 40/＊YM	21
顺序阀	P　T　B　A	6 10 20	X – F＊6D – P X – F＊10D – P X – F＊20D – P	20	MHP – 01 – ＊ – 30（日） MHP – 01 – ＊ – 30（日）	25

名称	图形符号	直径/mm	中国型号	最高压力/MPa	德国型号	最高压力/MPa
节流阀	P T B A	6 10	L－F6D－P L－F10D－P	20	MSP－01－30（日） MSP－03－20（日）	25
单向节流阀	P T B A	6 10 20	LA－F6D－B LA－F10D－B LA－F20D－B	20	MSB－01－Y－30（日） MSB－03－YH－20 MSB－06－YH－10	25
调速阀	P T B A	6 10 16	Q－F6D－P Q－F10D－P Q－F16D－P	20	MFP－01－10（日） MFP－03－10（日）	25
单向调速阀	P T B A	6 10	Q－F6D－B Q－F10D－B	20	MFB－01－Y－10（日） MFB－01－Y－10（日）	16 25
单向阀	P T B A	6 10	A－F6D－B A－F10D－B	20	Z1S6P1－20 Z1S10P1－20	31.5
液控单向阀	P T B A	6 10 16	AY－F6D－B（A） AY－F10D－B（A） AY－F16D－B（A）	20	Z2S6B－50 Z2S10B－10 Z2S16B－30	31.5
液压锁	P T B A	6 10 16	2AY－F6D－AB（BA） 2AY－F10D－AB（BA） 2AY－F16D－AB（BA）	20	Z2S6－50 Z2S10－10 Z2S16－30	31.5

注：①名称中的每项，均有多种结构形式，详细情况可查阅液压手册。
②注有（日）的型号为日本油研公司产品。

5. 叠加阀的应用

叠加阀可根据其不同的功能组成不同的叠加阀系统。

由叠加阀组成的液压系统，其优点是标准化、通用化、集成化程度高，设计、加工、装配周期短，结构紧凑，体积小，质量小，占地面积小。当液压系统改变需增减元件时，叠加阀重新组装方便、迅速。叠加阀可集中配置在液压站上，也可分散安装在设备上，配置形式灵活，又是无管连接的结构，消除了因油管、管接头等引起的漏油、振动和噪声。叠加阀系统使用安全可靠、维修容易、外形整齐美观；其缺点是回路形式较少、直径较小，不能满足较复杂和大功率的液压系统的需要。

在组成叠加阀系统时，应考虑如下问题。

（1）一组叠加阀回路中的换向阀、叠加阀和底板的直径及安装连接尺寸必须一致，且必须符合 ISO 4401 国标标准规定。

（2）回路中调速阀或节流阀的安装位置应靠近换向阀，有利于其他阀的回油或泄油的畅通。

（3）在单回路系统中，设置一个压力表开关；在集中供油的多回路的系统中，不需要每个回路都设置压力表开关；在有减压阀的回路中，可单独设置压力表开关，并放在该减压阀的回路中。

二、电液伺服阀

电液伺服阀是一种无电信号时处于等候状态，有电信号时作出反应的阀。它既是电液转换元件，也是功率放大元件，能够将小功率的输入电信号转换为大功率的液压能（流量和压力）输出，是电液伺服系统的核心。

1. 工作原理

电液伺服阀通常由电气–机械转换装置、液压放大器和反馈（平衡）机构三部分组成。

电气–机械转换装置用来将输入的电信号转换为转角或直线位移输出，输出转角的装置称为力矩马达，输出直线位移的装置称为力马达。

液压放大器接收小功率的电气–机械转换装置输入的转角或直线位移信号，对大功率的液压油进行调节和分配，实现控制功率的转换和放大。

反馈（平衡）机构使电液伺服阀输出的流量和压力获得与输入电信号成比例的特性。

图 4 – 29 所示为喷嘴挡板式电液伺服阀的工作原理图和图形符号。图 4 – 29（a）中上半部分为力矩马达，下半部分为前置级（喷嘴挡板）和主滑阀。当无电流信号输入时，力矩马达无力矩输出，与衔铁 5 固定在一起的挡板 9 处于中位，主滑阀阀芯也处于中位（零位）。油液由进油口 P 进入主滑阀阀口，因阀芯两端台肩将阀口关闭，故油液不能进入 A、B 口，但经固定节流孔 10 和 13 分别引到喷嘴 8 和 7，经喷射后，油液流回油箱。由于挡板处于中位，两喷嘴与挡板的间隙相等（液阻相等），因此，喷嘴前的压力 p_1 与 p_2 相等，主滑阀阀芯 12 两端压力相等，阀芯处于中位。若线圈输入电流，控制线圈产生磁通，则衔铁上产生顺时针方向的磁力矩，使衔铁连同挡板一起绕弹簧管中的支点顺时针偏转，左喷嘴 8 的间隙减小，右喷嘴 7 的间隙增大，即压力 p_1 增大，p_2 减小，主滑阀阀芯在两端压力差作用下向右运动，开启阀口，P 与 B，A 与 T 相通。在主滑阀阀芯向右运动的同时，通过挡板下端的反馈弹簧杆 11 的反馈作用，使挡板逆时针方向偏转，左喷嘴 8 的间隙增大，右喷嘴 7 的间隙减小，于是压力 p_1 减小，p_2 增大。当主滑阀阀芯向右移到某一位置，由两端压力差形成的液压力通过反馈弹簧杆作用在挡板上的力矩、喷嘴油液压力作用在挡板上的力矩及反馈弹簧杆的反力矩的和，与力矩马达产生的电磁力矩相等时，主滑阀阀芯受力平衡，稳定在一定的开口下工作。

显然，改变输入电流大小，可成比例地调节电磁力矩，从而得到不同的主阀开口

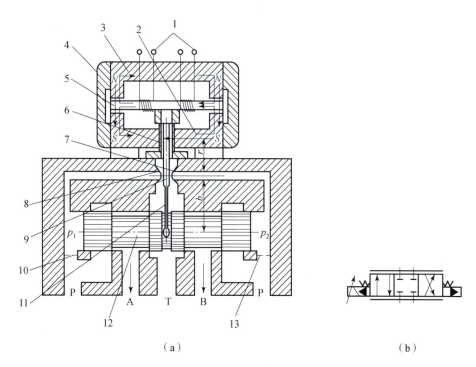

图 4 – 29　喷嘴挡板式电液伺服阀的工作原理图和图形符号

（a）工作原理图；（b）图形符号

1—线圈；2、3—导磁体；4—永久磁铁；5—衔铁；6—弹簧；7、8—喷嘴；
9—挡板；10、13—固定节流孔；11—反馈弹簧杆；12—主滑阀阀芯

大小。若改变输入电流的方向，主滑阀阀芯反向位移，则可实现油液流向的反向控制。

图 4 –29 所示电液伺服阀，其主滑阀阀芯的最终工作位置是通过挡板反馈弹簧杆的反馈作用达到平衡的，因此，称为力反馈式。除力反馈式外，还有位置反馈式、负载流量反馈式、负载压力反馈式等。

喷嘴挡板式电液伺服阀的优点如下。

（1）衔铁及挡板均工作在中立位置附近，线性度好。

（2）运动部分的惯性小，动态响应快。

（3）双喷嘴挡板式电液伺服阀由于结构对称，采用差动方式工作，因此，压力灵敏度高。

（4）阀芯基本处于浮动状态，不易卡住。

（5）温度和压力零漂小。

喷嘴挡板式电液伺服阀的缺点如下。

（1）喷嘴与挡板之间的间隙小，容易被脏物堵塞，对油液的洁净度要求较高，抗污染能力差。

（2）内部泄漏流量较大、效率低、功率损失大。

（3）力反馈回路包围力矩马达，无法进一步提高阀的频带宽度，特别是大流量规格的阀。

2. 典型结构

图 4-30 所示为射流管式力反馈两级电液伺服阀。这种伺服阀采用干式桥形永磁力矩马达，射流管 7 焊接在衔铁上，并由反馈弹簧 2 支承。液压油通过柔性供压管 6 进入射流管。当有电信号输入时，力矩马达将带动射流管偏转一个角度，使射流管喷嘴射出的液压油进入到与滑阀两端容腔分别相通的两个接收孔中。若左边接收孔射入油量大于右边，则阀芯左边背压高，右边背压低，从而形成压力差，推动阀芯右移。同时，射流管的侧面装有弹簧板及反馈弹簧丝，其末端插入阀芯中间的小槽内，跟着阀芯一起移动，构成对力矩马达的力反馈。随着阀芯的右移，射流接收管 8 的位置得到调整，使两喷嘴流量相等，压力差逐渐变小，达到新的平衡位置时，阀芯停止右移，并保持到电信号反向为止；反之，阀芯左移，实现了主阀阀芯油液的换向。力矩马达借助反馈弹簧实现对液压部分的密封隔离。

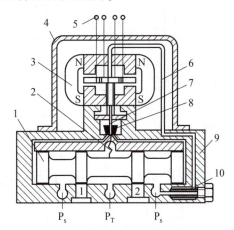

图 4-30　射流管式力反馈两级电液伺服阀
1—阀芯；2—反馈弹簧；3—力矩马达；4—阀盖；5—接线头；6—柔性供压管；
7—射流管；8—射流接收管；9—阀体；10—滤油器

射流管式电液伺服阀最大的特点是抗污染能力强、可靠性高、使用寿命长。电液伺服阀的抗污染能力，一般由其结构中的最小通流尺寸所决定。而在多级电液伺服阀中，前置级油路中的最小尺寸成为决定性因素。射流管式电液伺服阀的最小通流尺寸为 0.2 mm，而喷嘴挡板式电液伺服阀的最小通流尺寸为 0.025~0.05 mm，因此，射流管式电液伺服阀的抗污染能力强、可靠性高。另外，射流管式电液伺服阀的压力效率和容积效率高，可以产生较大的控制压力和流量，这就提高了功率阀的驱动力，增大了功率阀的抗污染能力。从前置级磨蚀对性能的影响来看，射流喷嘴端面和接触端面的磨损，对性能的影响小，因此，其工作稳定、零漂小、使用寿命长。

射流管式电液伺服阀的缺点是频率响应低，零位泄漏流量大，低温特性差，加工工艺复杂、难度大。

3. 电液伺服阀的应用

电液伺服阀由于其高精度和快速控制能力，广泛应用于各种工业设备、航空航天和军事装备的开环或闭环的电液控制系统中，特别是系统动态响应要求高、输出功率大的场合。

喷嘴挡板式电液伺服阀适用于航空航天及一般工业用的高精度电液位置伺服系统、速度伺服系统及信号发生装置。

高响应型电液伺服阀可用于中小型振动台和疲劳试验机。

特殊的负载类型电液伺服阀可用于小型伺服加载系统及伺服压力控制系统。

图 4 – 31 所示为大型、高精度液压冲床，利用电液伺服阀实现两个液压缸活塞同步动作的应用实例。图 4 – 31 中通过位置检测器检测液压缸活塞上、下行的工况，若上、下行时出现工作台倾斜，则说明液压缸工作不同步。此时位置检测器发出电信号，并输入到电液伺服阀的力矩马达线圈内，电液伺服阀立即作出反应，自动换向，向下行慢的液压缸补油；反之，上行时，向上行慢的液压缸补油，以达到自动、精确控制两液压缸活塞上、下行同步的目的。

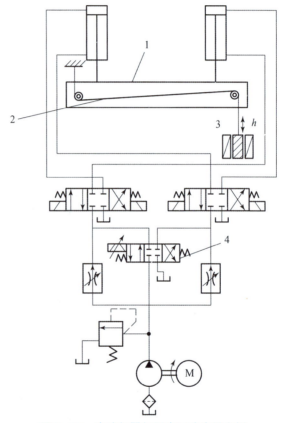

图 4 – 31   电液伺服阀同步回路应用实例

1—工作台；2—钢丝；3—位置检测器；4—三位四通电磁换向阀

三、数字液压阀

1. 分类及特点

数字液压阀简称数字阀，它是用数字信息直接控制的阀，用计算机对电液系统进行控制是今后技术发展的必然趋向。比例阀、伺服阀只能接收连续变化的电压或电流信号，而数字液压阀则可直接与计算机连接，不需要数/模转换器，可用于用计算机实现实时控制的电液系统中。图 4 – 32 所示为一典型的数字液压阀控制系统框图。

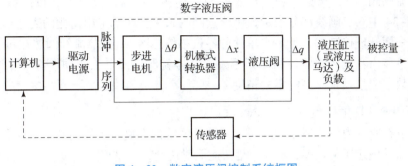

图 4 - 32 数字液压阀控制系统框图

数字液压阀具有结构简单、工艺性好、价格低廉、抗污染能力强、工作稳定且可靠等优点。

目前数字液压阀主要有由步进电动机驱动的增量式数字液压阀和用脉宽调制原理控制的高速开关型数字液压阀，前者已形成部分产品，而后者仍处于研究阶段。下面主要介绍增量式数字液压阀，它包括数字流量阀与数字压力阀两种。

2. 工作原理

数字液压阀的控制系统对增量式数字液压阀而言就是步进电动机的控制系统。图 4 - 33 所示为步进电动机控制系统框图。

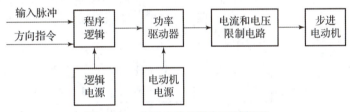

图 4 - 33 步进电动机控制系统框图

图 4 - 34 所示为步进电动机直接控制的数字流量阀。其工作原理如下：当计算机给出信号后，步进电动机 6 转动，并通过滚珠丝杆 3 使旋转角度转化为轴向位移，带动节流阀阀芯 2 向右移动，使阀口开启。步进电动机转动的步数决定着阀芯的开度。这样的结构可控制相当大的流量，可达 3 600 L/min。

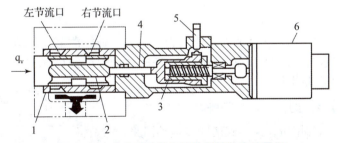

图 4 - 34 步进电动机直接控制的数字流量阀

1—阀套；2—节流阀阀芯；3—滚珠丝杆；4—连杆；5—零位移传感器；6—步进电动机

这种阀有两个节流口，节流阀阀芯右移时首先打开右边的节流口，该口是非全周开口，流量较小；继续移动后打开第二个节流口，即左边的全周节流口，流量较大。

该阀由节流阀阀芯 2、阀套 1 及连杆 4 的相对热膨胀取得温度补偿,以维持流量的恒定。图 4-34 中双点画线部分表示数字流量阀的阀座,在此采用简化的表达形式。

该阀采用开环控制式,且装有单独的零位移传感器 5,使节流阀阀芯在每个控制周期终了时,能由零位传感器控制回到零位。这样就保证每个工作周期都在相同的位置开始,使数字流量阀具有高的重复精度。

3. 数字液压阀的应用

图 4-35 所示为数字液压阀应用于压铸机系统的实例。该压铸机有 6 个压射速度,其中 v_1、v_2 是慢速压射速度,v_3、v_4 是快速压射速度,v_5 是增压速度,v_6 是开型时压射速度。为了实现这种六速压铸功能,该压铸机采用了一个数字流量阀进行调控。控制装置通过驱动电源使步进电动机转动,控制数字流量阀的流量,使液压缸及其带动的压铸机构按需要的速度及位置运动。

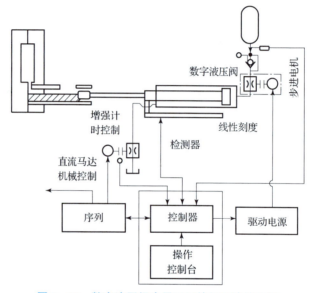

图 4-35　数字液压阀应用于压铸机系统的实例

注塑机、压力机、玻璃成型机等和压铸机的动作相似,因此也可用数字流量阀来实现控制。

四、同步运动回路

在某些设备上,为使多个执行元件克服负载、摩擦、泄漏、制造质量、结构变形上的差异,常要求两个或两个以上的执行元件的运动速度和位移相同。完成这样功能的回路称为同步运动回路。

1. 用机械连接式的同步运动回路

图 4-36 所示为用机械连接式的同步运动回路。它是将两个液压缸通过机械装置(齿轮齿条或刚性固连)将其活塞杆连接在一起,使它们的运动相互受到牵制,由此实现可靠的同步运动。这种回路适用于两液压缸相互靠近,且负载较小的场合。

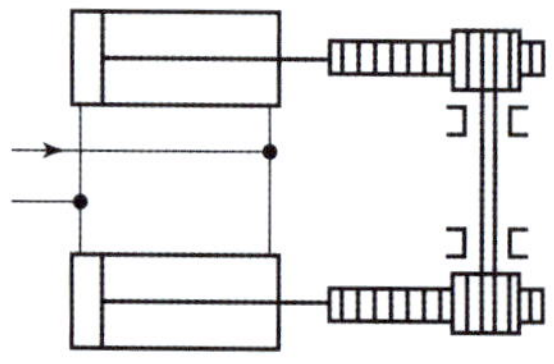

图 4-36　用机械连接式的同步运动回路

2. 带补偿措施的串联液压缸同步运动回路

图 4-37 所示为带补偿措施的串联液压缸同步运动回路。在这个回路中，液压缸 1 的有杆腔 A 的有效面积与液压缸 2 的无杆腔 B 的面积相等，因此，从 A 腔排出的油液进入 B 腔后，两液压缸的升降便得到同步。而补偿措施可消除每次下行运动中的同步误差，以避免误差的积累。其补偿原理为当三位四通电磁换向阀处于右位时，两液压缸活塞同时下行，若液压缸 1 的活塞先运动到底，则将触动行程开关 a，使电磁换向阀 5 的电磁铁得电，液压油便经电磁换向阀 5 和液控单向阀 3 向液压缸 2 的 B 腔补油，推动活塞继续运动到底，误差即被消除；若液压缸 2 先运动到底，则触动行程开关 b，使电磁换向阀 4 的电磁铁得电，控制液压油使液控单向阀反向通道打开，使液压缸 1 的 A 腔通过液控单向阀回油，其活塞即可继续运动到底。这种带补偿措施的串联液压缸同步运动回路只适用于负载较小的液压系统。

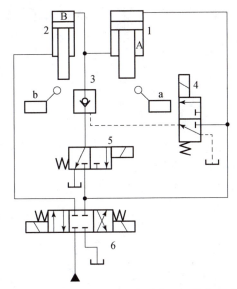

图 4-37　带补偿措施的串联液压缸同步回路

1，2—液压缸；3—液控单向阀；4，5—电磁换向阀；6—三位四通电磁换向阀

a，b—行程开关

3. 用调速阀控制的同步运动回路

图 4-38 所示为用调速阀控制的同步运动回路。两个调速阀分别调节两液压缸活塞的运动速度，若两液压缸有效面积相等，则流量也调整为相同；若两液压缸有效面积不等，则改变调速阀的流量也能达到同步运动。这种回路结构简单、成本低、运动速度可调；但效率较低，受油温影响较大，其同步精度偏低，一般在 5%~7%。因此，该回路用于同步精度要求不太高的场合。

4. 用分流阀控制的同步运动回路

图 4-39 所示为用分流阀控制的同步运动回路。它是利用分流阀 5 使泵的供油平均分配给两个液压缸，使两液压缸活塞能同步向右运动，而不受负载变化的影响。该回路结构简单、使用方便，偏载下仍能保持同步；但压力损失大、效率较低。

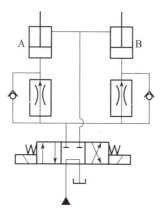

图 4-38　用调速控制阀的同步运动回路

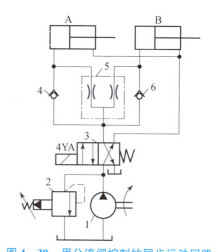

图 4-39　用分流阀控制的同步运动回路
1—定量泵；2—先导溢流阀；3—二位四通电磁换向阀；
4，6—单向阀；5—分流阀

对于同步精度要求较高的场合，可以采用由比例调速阀和电液伺服阀组成的同步运动回路。

五、多缸工作互不干涉回路

在一泵多缸的液压系统中，经常会出现由于其中一个液压缸快速运动，造成系统的压力下降，从而影响其他液压缸工作进给速度稳定性的现象。因此，在工作进给速度要求比较稳定的液压系统中，如果多缸同时运动，则必须采用多缸工作互不干涉回路。多缸工作互不干涉回路如图 4-40 所示。

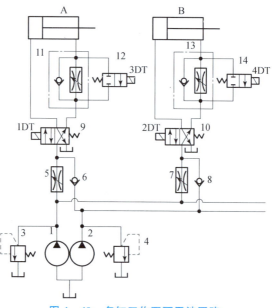

图 4-40　多缸工作互不干涉回路
1，2—定量泵；3，4—溢流阀；5，7—调速阀；6，8—单向阀；9，10—二位四通电磁换向阀；
11，13—单向节流阀；12，14—二位二通电磁换向阀在图 4 – 40 所示的回路中，各液压缸分别要完成快进、工作进给和快速退回的自动循环，且要求在完成各自工作循环时彼此互不影响。回路采用双泵供油系统，定量泵 1 为高压、小流量泵，供给各缸工作进给所需的液压油；定量泵 2 为低压、大流量泵，为各缸快进或快退时输送低压油，它们的压力分别由溢流阀 3 和 4 调定。

当开始工作时，电磁铁 1DT、2DT 和 3DT、4DT 同时通电，定量泵 2 输出的液压油经单向阀 6 和 8 进入液压缸的左腔，此时两泵供油使各活塞快速前进。当电磁铁 3DT、4DT 断电后，系统由快进转换成工作进给，单向阀 6 和 8 关闭，工作进给所需液压油由定量泵 1 供给。如果其中某一液压缸（如液压缸 A）先转换成快速退回，即二位四通换向阀 9 失电换向，则定量泵 2 输出的油液经单向阀 6、电磁换向阀 9 和单向节流阀 11 的单向阀进入液压缸 A 的右腔，左腔油液经电磁换向阀 9 回油箱，使活塞快速退回。而其他液压缸仍由定量泵 1 供油，继续进行工作进给。这时，调速阀 5（或 7）使定量泵 1 仍然保持溢流阀 3 的调定压力，不受快退的影响，防止了相互干扰。在回路中调速阀 5 和 7 的调定流量应适当大于单向节流阀 11 和 13 的调定流量，这样工作进给速度就由单向节流阀 11 和 13 来决定。这种回路可以用在具有多个工作部件各自分别运动的机床液压系统中。二位四通换向阀 10 用来控制液压缸 B 换向，二位二通电磁换向阀 12、14 分别控制液压缸 A、B 的快速进给。

 任务实施

1. 分析注塑机工艺流程

注塑机的工艺流程为：合模→注射座前进→注射→保压→预塑、冷却→注射座后退→开模→顶出制品→顶出缸后退→合模。

2. 分析注塑机液压系统的工作原理

（1）依据注塑机液压系统原理图，结合实物，分析注塑机液压系统的组成。

（2）依据注塑机液压系统原理图，结合实物，分析顶出缸液压系统的工作原理，写出组成该系统的元件及各元件在系统中的作用。

3. 分析注塑机液压系统的工作过程

（1）演示注塑机的工作过程，观察注塑机快速合模失灵时，液压缸运动速度不能提高的现象，并写出可能产生故障的原因。

（2）通过诊断，确定故障产生原因为流量阀堵塞，写出故障排除方法。

4. 注塑机流量阀故障分析诊断与排除

（1）写出流量阀的组成部分、作用、应用场合和工作原理。

（2）写出流量阀的种类。

（3）写出调速阀的组成及应用场合。

（4）写出流量阀的选用需要考虑的因素。

（5）写出流量阀的常见故障及故障排除方法。

（6）检查并记录以下内容。

1）节流阀的阀芯和阀体是否紧密贴合。

2）节流阀在使用时的注意事项。

项目五　液压系统的设计与计算

液压系统设计是整个液压设备设计的重要组成部分，它除了应符合主机动作循环和静、动态性能等方面的要求外，还应满足结构简单、工作安全可靠、效率高、使用寿命长、经济性好、使用维护方便等条件。

学习目标

1. 知识目标

（1）了解液压系统设计步骤。

（2）掌握液压系统主要参数计算方法。

（3）掌握拟定液压系统原理图的方法。

（4）掌握液压元件的计算和选择。

（5）了解执行元件的类型。

（6）了解工况分析方法。

（7）掌握绘制液压执行元件工况图的步骤。

2. 技能目标

（1）能够分析液压系统的工作原理。

（2）能够进行液压元件的计算和选择。

（3）能够确定执行元件的类型。

（4）能够绘制液压执行元件的工况图。

3. 素质目标

（1）具有执行液压行业相关国家或行业标准的意识。

（2）与小组成员开展讨论，协作完成课程学习任务。

任务描述

设计一台上料机液压系统，要求上料机完成"快速上升→慢速上升→停留→快速下降"的工作循环，其结构示意图如图 5-1 所示。其垂直上升工件 1 的重量为 5 000 N，滑台 2 的重量为 500 N，快速上升行程为 350 mm，速度要求 ≥45 mm/s，慢速上升行程为 50 mm，其最小速度为 8 mm/s，快速下降行程为 450 mm，速度要求 ≥55 mm/s，滑台采用 V 形导轨，其导轨面的夹角为 90°，滑台与导轨的最大间隙为 2 mm，启动加速和减速时间均为 0.5 s，液压缸的机械效率（考虑密封阻力）为 0.91。

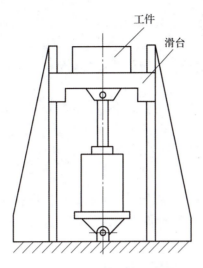

图 5-1　上料机结构示意图

 知识储备

　　借助液压系统计算机辅助设计（液压 CAD）技术来设计液压系统将成为今后主要的现代设计方法，但它也是建立在传统的经验设计法的基础上的。经验设计法的设计步骤仅是最一般的过程，在实际设计过程中这些步骤并不是固定不变的，有些步骤可以省略，有些步骤可以合并，而整个设计就是在反复修改中逐步完成的。

　　液压系统的一般设计步骤：（1）明确设计要求，进行工况分析；（2）拟定液压系统原理图；（3）液压元件的计算和选择；（4）液压系统的性能验算；（5）绘制液压系统工作图和编制技术文件。各步骤的内容，有时需要穿插进行、交叉展开。对某些比较复杂的液压系统，需经过多次反复比较，才能最后确定。设计较简单的液压系统时，有些步骤可以合并或简化。

一、明确设计要求，进行工况分析

1. 明确设计要求

　　液压系统的设计必须能全面满足主机的各项功能和技术性能。因此，在开始设计液压系统时，首先要对机械设备主机的工作情况进行详细分析，明确主机对液压系统提出的要求，这个步骤的具体内容如下。

　　（1）明确主机的用途、主要结构、总体布局，以及主机对液压系统执行元件在位置布置和空间尺寸上的限制。

　　（2）明确主机的工作循环，液压执行元件的运动方式（移动、转动或摆动）及其工作范围。

　　（3）明确液压执行元件的负载和运动速度的大小及其变化范围。

（4）明确主机各液压执行元件的动作顺序或互锁要求。

（5）明确对液压系统工作性能（如工作平稳性、转换精度等）、工作效率、自动化程度等方面的要求。

（6）明确液压系统的工作环境和工作条件，如周围介质、环境温度、湿度、尘埃情况、外界冲击振动等。

（7）明确其他方面的要求，如液压装置在质量、外形尺寸、经济性等方面的规定或限制。

在液压系统设计的第一个步骤中，往往还包含着"主机采用液压传动是否合理或在多大程度上合理（即液压传动是否应和其他传动结合起来，共同发挥各自的优点，以形成合理的传动组合）"这样一个潜在的检验内容。

2. 确定执行元件的类型

执行元件是液压系统的输出部分，必须满足机器设备的运动功能、性能要求及结构、安装上的限制。根据所要求的负载运动形态，应选用不同的执行元件配置。执行元件配置的选择见表 5 – 1。

表 5 – 1　执行元件配置的选择

运动形态	执行元件
直线运动	液压缸
	液压马达 + 齿轮齿条机构
	液压马达 + 螺旋机构
旋转运动	液压马达
摆动	摆动液压马达
	液压缸 + 齿轮机构
	液压马达 + 连杆机构

3. 液压系统的工况分析

液压系统的工况分析是指对液压执行元件的工作情况进行分析，即进行运动分析和负载分析，也就是分析每个液压执行元件在各自工作过程中速度和负载的变化规律。通常是用一个工作循环内各阶段的速度和负载值列表表示，必要时还应画出速度、负载随时间（或位移）变化的曲线图（分别称为速度图和负载图）。

（1）运动分析。

运动分析是指对执行元件在一个工作循环中各阶段的运动速度变化规律进行分析。按设备的工艺要求，把所研究的执行元件在完成一个工作循环时的运动速度规律用图表示出来，这个图称为速度图。现以图 5 – 2 所示的液压缸驱动的组合机床滑台为例来说明，图 5 – 2（a）所示为组合机床滑台的动作循环图，由此可见，动作循环为快进→工进→快退；图 5 – 2（b）所示为完成一个动作循环的速度 – 位移曲线，即速度图。

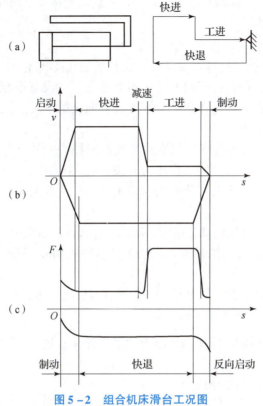

图 5 – 2　组合机床滑台工况图

（2）负载分析。

负载分析是指确定执行元件所受的负载大小和方向。图 5 – 2（c）所示为该组合机床滑台的负载图，这个图是按设备的工艺要求把执行元件在各阶段的负载用曲线表示出来，由此图可直观地看出在运动过程中何时受力最大、何时受力最小等情况，以此作为设计的依据。

在一般情况下，液压缸承受的负载由 6 个部分组成，即工作负载、摩擦阻力负载、惯性负载、重力负载、密封负载和背压负载。

1）工作负载 F_L：不同的机器有不同的工作负载。对于金属切削机床来说，沿液压缸轴线方向的切削力即为工作负载；对于液压机来说，工件的压制抗力即为工作负载。工作负载与液压缸运动方向相反时为正值，与液压缸运动方向相同时为负值（如顺铣加工的切削力）。工作负载既可以为定值，也可以为变值，其大小要根据具体情况加以计算，有时还要由样机实测确定。

2）摩擦阻力负载 F_f：摩擦阻力是指运动部件与支承面间的摩擦力，它与支承面的形状、放置情况、润滑条件及运动状态有关，即

$$F_f = \frac{fF_N}{\sin\left(\dfrac{\alpha}{2}\right)} \tag{5 – 1}$$

式中，F_N 为运动部件及外负载对支承面的正压力，N；f 为摩擦因数，分为静摩擦因数（$f_s \leqslant 0.2 \sim 0.3$）和动摩擦因数（$f_d \leqslant 0.05 \sim 0.1$）；$\alpha$ 为运动部件与支承面的夹角。

3）惯性负载 F_a：惯性负载是指运动部件在启动加速或制动减速时的惯性力，可用牛顿第二定律计算，即

$$F_a = ma \tag{5-2}$$

式中，m 为运动部件的质量，kg；a 为运动部件的加速度，m/s^2。

4）重力负载 F_G：垂直或倾斜放置的运动部件，在没有平衡的情况下，其自重也是一种负载。倾斜放置时，只计算重力在运动方向上的分力。液压缸上行时，重力取正值；反之，重力取负值。

5）密封负载 F_s：密封负载是指密封装置的摩擦力，其值与密封装置的类型和尺寸、液压缸的制造质量及油液的工作压力有关，F_s 的计算公式详见有关手册。在未完成液压系统设计之前，由于密封装置的参数未知，F_s 无法计算，一般用液压缸的机械效率 η_{cm} 加以考虑。

6）背压负载 F_b：背压负载是指液压缸回油腔背压所造成的阻力。在系统方案及液压缸结构尚未确定之前也无法计算，在负载计算时可暂不考虑，待有确切数值以后，再进行验算。

若执行机构为液压马达，则其负载力矩计算方法与液压缸类似。

4. 执行元件主要参数的确定

执行元件的主要参数是指其工作压力和最大流量。这两个参数是计算和选择液压执行元件的依据。

（1）选定执行元件的工作压力。

工作压力是确定执行元件结构参数的主要依据，它的大小影响执行元件的尺寸和成本，乃至整个系统的性能。工作压力选得越高，执行元件和系统的结构就越紧凑，但对执行元件的强度、刚度及密封要求也越高，且要采用较高压力的液压泵；反之，如果工作压力选得低，则会增大执行元件及整个系统的尺寸，使结构变得庞大。所以应根据实际情况选取适当的工作压力。执行元件工作压力可以根据总负载的大小或主机设备类型选取，具体选择时参见表 5-2 和表 5-3。

表 5-2　按负载选择执行元件的工作压力

负载 F/kN	<5	5~10	10~20	20~30	30~50	>50
工作压力 p/MPa	0.8~1.0	1.5~2.0	2.5~3.0	3.0~4.0	4.0~5.0	5.0~7.0

表 5-3　各类液压设备常用的工作压力

设备类型	磨床	组合机床	车床铣床镗床	拉床	龙门刨床	注塑机农业小型工程机械	液压机重型机械起重运输机
工作压力 p/MPa	0.8~2	3~5	2~4	8~5	2~8	5~16	20~32

（2）确定执行元件的几何参数。

对于液压缸来说，它的几何参数就是有效工作面积 A，对于液压马达来说就是排量 V。液压缸有效工作面积为

$$A = \frac{F}{\eta_{cm}p} \qquad (5-3)$$

式中，F 为液压缸的外负载，N；η_{cm} 为液压缸的机械效率；p 为液压缸的工作压力，Pa；A 为所求液压缸的有效工作面积，m^2。

用式（5-3）计算出来的工作面积还必须按液压缸所要求的最低稳定速度 v_{min} 来验算，即

$$A \geqslant \frac{q_{min}}{v_{min}} \qquad (5-4)$$

式中，q_{min} 为流量阀的最小稳定流量（由产品样本查出）。

若执行元件为液压马达，则其排量的计算式为

$$V = \frac{2\pi T}{p\eta_{Mm}} \qquad (5-5)$$

式中，T 为液压马达的总负载转矩，N·m；η_{Mm} 为液压马达的机械效率；p 为液压马达的工作压力，Pa；V 为所求液压马达的排量，m^3/r。

同样，式（5-5）所求的排量也必须满足液压马达最低稳定转速 n_{min} 的要求，即

$$V \geqslant \frac{q_{min}}{n_{min}} \qquad (5-6)$$

式中，q_{min} 为能输入液压马达的最低稳定流量。

排量确定后，可从产品样本中选择液压马达的型号。

（3）确定执行元件的最大流量。

对于液压缸，它所需的最大流量 q_{max} 等于液压缸有效工作面积 A 与液压缸最大移动速度 v_{max} 的乘积，即

$$q_{max} = Av_{max} \qquad (5-7)$$

对于液压马达，它所需的最大流量 q_{max} 应为液压马达的排量 V 与其最大转速 n_{max} 的乘积，即

$$q_{max} = Vn_{max} \qquad (5-8)$$

5. 绘制液压执行元件的工况图

液压执行元件的工况图是指压力图、流量图和功率图。

（1）工况图的绘制。

各执行元件的主要参数确定之后，不但可以复算执行元件在工作循环各阶段的工作压力，还可求出需要输入的流量和功率。这时就可作出系统中各执行元件在其工作过程中的工况图，即执行元件在一个工作循环中的压力、流量、功率随时间（或位移）的变化曲线图。图5-3所示为某机床进给液压缸的工况图。将系统中各执行元件的工况图加以合并，便得到整个系统的工况图。系统的工况图可以显示整个工作循环中的系统压力、流量和功率的最大值及其分布情况，为后续设计步骤中选择液压元件、液压回路或修正设计提供合理的依据。

（2）工况图的作用。

从工况图上可以直观、方便地找出最大工作压力、最大流量和最大功率。根据这些参数即可选择液压泵及其驱动电动机，同时对系统中所有液压元件的选择也具有指导意义。通过分析工况图，一方面有助于设计人员选择合理的基本回路。例如，在工

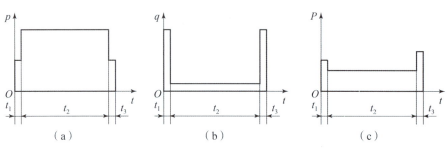

图 5-3 某机床进给液压缸的工况图
(a) 压力图；(b) 流量图；(c) 功率图
t_1—快进时间；t_2—工进时间；t_3—快退时间

况图上可观察到最大流量维持的时间，若这个时间较短，则不宜选用大流量的定量泵供油，而可选用变量泵或者采用泵和蓄能器联合供油的方式。另一方面，利用工况图可以对各阶段的参数进行鉴定，分析其合理性，在必要时还可进行调整。例如，若在工况图中看出各阶段所需的功率相差较大，为了提高功率应用的合理性，使功率分配比较均衡，则可在工艺允许的条件下对其进行适当调整，使系统所需的最大功率值有所降低。

二、拟定液压系统原理图

液压系统原理图是表示系统组成和工作原理的图样。拟定液压系统原理图是设计液压系统的关键，它对液压系统的性能及设计方案的合理性、经济性具有决定性的影响。

拟定液压系统原理图包含两项内容：一是通过分析、对比选出合适的液压基本回路；二是把选出的液压基本回路进行有机组合，构成完整的液压系统原理图。

1. 选择液压基本回路

在拟定液压系统原理图时，应根据各类主机的工作特点和性能要求，首先确定对主机主要性能起决定性影响的主要回路。例如，对于机床液压系统，调速和速度换接回路是主要回路；对于压力机液压系统，调压回路是主要回路。然后再考虑其他辅助回路，有垂直运动部件的系统要考虑平衡回路，有多个执行元件的系统要考虑顺序动作、同步运动或多缸工作互不干涉回路等。

（1）制订调速控制方案。

根据执行元件工况图上压力、流量和功率的大小，以及系统对温升、工作平稳性等方面的要求选择调速回路。

对于负载功率小、运动速度低的系统，采用节流调速回路；对于工作平稳性要求不高的执行元件，宜采用节流阀调速回路；对于负载变化较大、速度稳定性要求较高的场合，宜采用调速阀调速回路。

对于负载功率大的执行元件一般都采用容积调速回路，即由变量泵供油，避免过多的溢流、节流损失，提高系统的效率；如果对速度稳定性要求较高，则也可采用容积节流调速。调速方式确定之后，回路的循环形式也随之确定。节流调速采用开式回路，容积调速大多采用闭式回路。

（2）制订压力控制方案。

选择各种压力控制回路时，应仔细推敲各种回路在选用时所需注意的问题、特点和适用场合。例如，选择卸荷回路时要考虑卸荷所造成的功率损失、温升、流量和压力的瞬时变化等。对恒压系统，如进油节流调速回路和回油节流调速回路等，一般采用溢流阀起稳压溢流作用，同时也限定了系统的最高压力。定压容积节流调速回路本身能够定压，不需压力控制阀。对非恒压系统，如旁路节流调速回路、容积调速回路和非定压容积节流调速回路，其系统的最高压力由安全阀限定。对系统中某一个支路要求比油源压力低的稳压输出，可采用减压阀实现。

（3）制订顺序动作控制方案。

主机各执行机构的顺序动作，根据设备类型的不同，有的按固定程序进行，有的则是随机的或人为的。对于工程机械，操纵机构多为手动，一般用手动多路换向阀控制；对于加工机械，各液压执行元件的顺序动作多数采用行程控制，而行程控制普遍采用行程开关控制，因为其信号传输方便，而行程阀由于涉及油路的连接，只适用于管路安装较紧凑的场合。另外还有时间控制、压力控制和可编程序控制等方案。

选择回路时可能有多种方案，这时除反复对比外，应多参考或借鉴同类型液压系统中使用的，并被实践证明是比较好的回路。

2. 液压系统原理图的拟定

整机的液压系统原理图主要由以上所确定的各回路组合而成。将挑选出来的各个液压基本回路合并整理，增加必要的元件或辅助回路，加以综合，即可构成一个完整的系统。在满足工作机构运动要求及生产率的前提下，力求使所设计的系统结构简单、工作安全可靠、动作平稳、效率高、调整和维护保养方便。此时应注意以下几个方面的问题。

（1）去掉重复多余的元件，力求使系统结构简单；同时要仔细斟酌，避免由于某个元件的舍弃或并用而引起相互干扰。

（2）增设安全装置，确保设备及操作人员的人身安全。例如，挤压机控制油路上设置的行程阀，只有安全门关闭时才能接通控制油路等。

（3）工作介质的净化必须予以足够的重视。特别是比较精密、重要的设备，可以单设一套自循环的油液过滤系统。

（4）对于大型贵重设备，为确保生产的连续性，在液压系统的关键部位要加设必要的备用回路或备用元件。

（5）为便于系统的安装、维修、检查、管理，在回路上要适当装设一些截止阀、测压点。

（6）尽量选用标准元件和定型的液压装置。

三、液压元件的计算和选择

执行元件的尺寸、规格、工作压力与流量确定后，再结合所拟定的液压系统原理图，就可以对系统中的其他元件进行选择或设计。

首先根据设计要求和系统工况确定液压泵的类型，然后根据液压泵的最大供油量来选择液压泵的规格。

1. 液压泵的选择

(1) 确定液压泵的最高工作压力 p_p。

对于执行元件在行程终了才需要最高压力的工况（此时执行元件本身只需要压力，不需要流量，但液压泵仍需向系统提供一定的流量，以满足泄漏流量的需要），可取执行元件的最高压力作为泵的最大工作压力。对于执行元件在工作过程中需要最大工作压力的情况，可按式（5-9）确定，即

$$p_p \geqslant p_1 + \sum \Delta p_1 \tag{5-9}$$

式中，$\sum \Delta p_1$ 为液压泵的出口至执行机构进口之间的总的压力损失，它包括沿程压力损失和局部压力损失两部分，要准确地计算必须等管路系统及其安装形式完全确定后才可进行，在此只能进行估算。估算时可参考下述经验数据；一般节流调速和管路简单的系统取 $\sum \Delta p_1 = 0.2 \sim 0.5$ MPa；有调速阀和管路较复杂的系统取 $\sum \Delta p_1 = 0.5 \sim 1.5$ MPa。

(2) 确定液压泵的最大供油量 q_p。

液压泵的最大供油流量按执行元件工况图上的最大工作流量及回路系统中的泄漏量来确定，即

$$q_p \geqslant K \sum q_{\max} \tag{5-10}$$

式中，K 为考虑系统中有泄漏等因素的修正系数，一般 $K = 1.1 \sim 1.3$，小流量取大值，大流量取小值；$\sum q_{\max}$ 为同时动作的各缸所需总流量的最大值。

若系统中采用了蓄能器供油，则泵的流量按一个工作循环中的平均流量来选取，即

$$q_p \geqslant \frac{K}{T} \sum_{i=1}^{n} q_i t_i \tag{5-11}$$

式中，T 为工作循环的周期时间；q_i 为工作循环中第 i 个阶段所需的流量；t_i 为工作循环中第 i 个阶段所持续的时间；n 为循环中的阶段数。

(3) 确定液压泵的规格型号。

根据以上计算所得的液压泵的最大工作压力和最大供油量，以及系统中拟定的液压泵的形式，查阅有关手册或产品样本即可确定液压泵的规格型号。但要注意选择的液压泵的额定流量要大于或等于前面计算所得的液压泵的最大供油量，并且尽可能接近计算值，不要超过太多，以免造成过大的功率损失；所选泵的额定压力应大于或等于计算所得的最大工作压力。有时尚需考虑一定的压力储备，使所选泵的额定压力高出计算所得的最大工作压力的 $25\% \sim 60\%$。

(4) 确定驱动液压泵的电动机功率。

驱动液压泵的电动机根据驱动功率和泵的转速来选择。

1）在整个工作循环中，液压泵的功率变化较小时，可按式（5-12）计算液压泵所需驱动功率，即

$$P = \frac{p_p q_p}{\eta_p} \tag{5-12}$$

式中，p_p 为液压泵的最大工作压力，Pa；q_p 为液压泵的输出流量，m^3/s；η_p 为液压泵的总效率。

2）当在整个工作循环中，液压泵的功率变化较大，最高功率所持续的时间很短时，可按式（5-12）分别计算出工作循环各阶段的功率 P_i，然后用式（5-13）计算其所需电动机的平均功率，即

$$P = \sqrt{\frac{\sum_{i=1}^{n} P_i^2 t_i}{\sum_{i=1}^{n} t_i}} \qquad (5-13)$$

式中，t_i 为一个工作循环中第 i 阶段持续的时间。

求出平均功率后，还要验算每个阶段电动机的超载量是否在允许的范围内，一般电动机短期允许超载量为 25%。如果在允许超载范围内，则可根据平均功率 P 与泵的转速 n 从产品样本中选取电动机。

对于限压式变量系统来说，可按式（5-12）分别计算快速与慢速两种工况时所需的驱动功率，计算后取两者较大值作为选择电动机规格的依据。由于限压式变量叶片泵在快速与慢速的转换过程中，必须经过泵流量特性曲线最大功率点（拐点），为了使所选择的电动机在经过 P_{max} 点时不致停转，需进行验算，即

$$P_{max} = \frac{p_B q_B}{\eta_p} \leqslant 2P_n \qquad (5-14)$$

式中，p_B 为限压式变量叶片泵调定的拐点压力；q_B 为压力为 p_B 时，泵的输出流量；P_n 为所选电动机的额定功率；η_p 为限压式变量叶片泵的效率。在计算过程中要注意，对于限压式变量叶片泵在输出流量较小时，其效率 η_p 将急剧下降，一般当其输出流量为 $0.2 \sim 1$ L/min 时，$\eta_p = 0.03 \sim 0.14$，流量大者取大值。

2. 阀类元件的选择

各种阀类元件的规格型号，按液压系统原理图和执行元件工况图中提供的情况从产品样本中选取。各种阀的额定压力和额定流量，一般应与其工作压力和最大通过流量相接近，必要时，可允许其最大通过流量超过额定流量的 20%。

具体选择时，注意溢流阀应使其能通过液压泵的全部流量。另外对所有压力阀来说，都有一个合适的调压范围，不要使该阀的额定工作压力高出使用压力太多。流量阀要注意该阀的最小稳定流量能够满足液压系统执行机构最低稳定速度的需要。在选用分流集流阀（同步阀）等控制阀时，不要使实际流量低于阀的额定流量太多，以免分流（或集流）误差过大。单出杆液压缸系统若无杆腔进油，则有效面积为有杆腔有效面积的 n 倍；若有杆腔进油，则回油流量为进油流量的 n 倍，因此，应以 n 倍的流量来选择通过的阀类元件。换向阀必要时可使实际流量最多高出其额定流量的 20%，主要考虑其压力损失不要过大。此外，还要考虑阀的操纵方式、连接方式和换向阀的中位机能等。

3. 液压辅助元件的选择

油箱、滤油器、蓄能器、油管、管接头、冷却器等液压辅助元件可按本项目的有关原则选取。

4. 阀类元件配置形式的选择

对于固定式液压设备，常将液压系统的动力源、阀类元件（包括某些辅助元件）

集中安装在主机外的液压站上。这样能使安装与维修方便，并消除了动力源振动与油温变化对主机工作精度的影响。而阀类元件在液压站上的配置也有多种形式可供选择。配置形式不同，液压系统的压力损失和元件的连接安装结构也有所不同。目前阀类元件的配置形式广泛采用集成化配置，具体有下列三种：板式配置、集成块式集成配置和叠加阀式集成配置。

（1）板式配置。

板式配置是指将标准元件与其底板用螺钉固定在竖立着的平板正面上，底板上的油路用油管接通。这种配置方式的优点是可按需要连接成各种形式的系统，安装维修方便；其缺点是当液压系统的管路较多、较为复杂时，油管的连接工作很不方便。图5-4所示为液压元件的板式配置示意图。

（2）集成块式集成配置。

集成块式集成配置是指根据典型液压系统的各种基本回路做成通用化的集成块，并用它们拼搭出各种液压系统。集成块的上下两面为块与块之间的连接面，块内由钻孔形成油路，四周除一面安装管接头通向执行元件外，其余都供固定标准元件安装用。一般一块就是一个常用的典型基本回路。一个系统所需集成块的数目视其复杂程度而定，一般常需数块组成。总进油口与回油口开在底板上，通过集成块的公共孔道直通顶盖。这种配置形式的优点是结构紧凑、油管少、可标准化、便于设计与制造、更改设计方便、油路压力损失小，如图5-5所示。

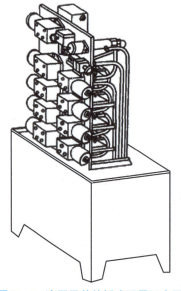

图5-4　液压元件的板式配置示意图

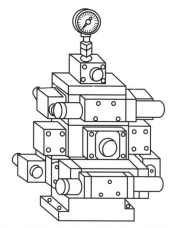

图5-5　液压元件的集成块式集成配置示意图

（3）叠加阀式集成配置。

叠加阀式集成配置与一般管式、板式标准元件相比，其工作原理没有多大差别，但具体结构却不相同。它是采用标准化的液压元件或零件，通过螺钉将阀体叠加在一起，组成一个系统。每个叠加阀既起控制阀的作用，又起通道体的作用。这种配置形式的优点是结构紧凑、油管少、体积小、质量小、不需设计专用的连接块、油路的压力损失很小，但叠加阀需自成系列，如图5-6所示。

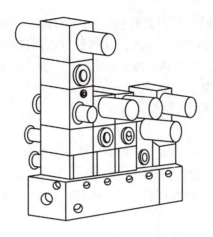

图 5－6　液压元件的叠加阀式集成配置示意图

四、液压系统的性能验算

当回路的形式、元件及连接管路等完全确定后，可针对实际情况对所设计的系统进行各项性能分析和主要性能验算，以便评判其设计质量，并改进和完善系统。对一般的系统，主要是进一步确切地计算系统的压力损失、容积损失、效率、压力冲击及发热温升等。根据分析计算发现问题，对某些不合理的设计进行调整，或采取其他的必要措施。下面说明系统压力损失及发热温升的验算方法。

1. 液压系统压力损失的计算

（1）当液压执行元件为液压缸时，有

$$p_\mathrm{p} \geqslant \frac{F}{A_1 \eta_\mathrm{cm}} + \frac{A_2}{A_1}\Delta p_2 + \Delta p_1 \qquad (5-15)$$

式中，F 为作用在液压缸上的外负载，N；A_1、A_2 分别为液压缸进、回油腔的有效面积，m^2；Δp_1、Δp_2 分别为进、回油管路的总的压力损失，Pa；η_cm 为液压缸的机械效率。

计算时要注意，快速运动时，液压缸上的外负载小，管路中流量大，压力损失也大；慢速运动时，液压缸上的外负载大，管路中流量小，压力损失也小，所以应分别进行计算。

计算出的系统压力 p_p 值应小于泵额定压力的 75%，因为应使泵有一定的压力储备，否则就应另选额定压力较高的液压泵，或者采用其他方法降低系统压力，如增大液压缸直径等方法。

（2）当液压执行元件为液压马达时，有

$$p_\mathrm{p} \geqslant \frac{2\pi T}{V\eta_\mathrm{Mm}} + \Delta p_1 + \Delta p_2 \qquad (5-16)$$

式中，V 为液压马达的排量，m^3/r；T 为液压马达的输出转矩，N·m；Δp_1、Δp_2 分别为进、回油管路的压力损失，Pa；η_Mm 为液压马达的机械效率。

2. 液压系统发热温升的计算

液压系统中产生热量的元件主要有液压缸、液压泵、溢流阀和节流阀；散热的元件主要是油箱。系统经一段时间工作后，发热量与散热量会相等，即达到热平衡，不同的设备在不同的情况下，达到热平衡的温度也不一样，所以必须进行验算。

（1）系统发热量的计算。

在单位时间内液压系统的发热量为

$$H = P(1 - \eta) \tag{5-17}$$

式中，P 为液压泵的输入功率，kW；η 为液压系统的总效率，它等于液压泵的效率 η_p、回路的效率 η_c 和液压执行元件的效率 η_M 的乘积，即 $\eta = \eta_p \eta_c \eta_M$。

如在工作循环中泵的输入功率不一样，则可按各阶段的发热量求出系统单位时间的平均发热量，即

$$H = \frac{1}{T} \sum_{i=1}^{n} P_i (1 - \eta_i) t_i \tag{5-18}$$

式中，T 为工作循环周期时间，s；t_i 为第 i 个工作阶段所持续的时间，s；P_i 为第 i 个工作阶段泵的输入功率，kW；η_i 为第 i 个工作阶段液压系统的总效率。

（2）系统散热量的计算。

在单位时间内油箱的散热量为

$$H_0 = hA\Delta t \tag{5-19}$$

式中，A 为油箱的散热面积，m^2；Δt 为系统的温升，℃（$\Delta t = t_1 - t_2$，t_1 为系统达到热平衡时的温度，t_2 为环境温度）；h 为散热系数，$kW/(m^2 \cdot ℃)$。

（3）系统热平衡温度的验算。

当液压系统达到热平衡时有 $H = H_0$，即

$$\Delta t = \frac{H}{hA} \tag{5-20}$$

当油箱的三个边长之比在 $1:1:1 \sim 1:2:3$ 范围内，且油位是油箱高度的 80% 时，其散热面积可近似计算为

$$A = 0.065 \sqrt[3]{V^2} \tag{5-21}$$

式中，V 为油箱有效容积，L；A 为散热面积，m^2。

经式（5-20）计算出来的 Δt 再加上环境温度应不超过油液的最高允许油温；否则必须采取进一步的散热措施。

五、绘制液压系统工作图和编制技术文件

经过对液压系统性能的验算和修改，并确认液压系统设计较为合理后，便可绘制正式的液压系统工作图和编制技术文件。

1. 绘制液压系统工作图

正式的工作图包括按国家标准绘制的正规系统原理图、系统装配图、阀块等非标准元件、辅件的装配图及零件图。系统原理图中应附有元件明细表，并在其标明各元件的规格、型号、压力、流量调整值。一般还应绘出各执行元件的工作循环图和电磁

铁动作顺序表。系统装配图是系统布置全貌的总体布置图和管路施工图（管路布置图），对液压系统应包括油箱装配图、液压泵站装配图、油路集成块装配图和管路安装图等。其中在管路安装图中应画出各管路的走向、固定装置结构、各种管接头的形式和规格等。标准元件、辅件和连接件的清单，通常以表格形式给出，同时给出工作介质的品牌、数量及系统对其他配置（如厂房、电源、电线布置、基础施工条件等）的要求。

2. 编制技术文件

必须明确设计任务书，并据此检查、考核液压系统是否达到设计要求。

技术文件一般包括系统设计技术说明书，系统使用及维护技术说明书，零部件明细表和标准件、通用件及外购件明细表等，以及系统有关的其他注意事项。

 任务实施

一、负载分析

1. 工作负载

$$F_L = F_G = (5\,000 + 500)\,\text{N} = 6\,000\,\text{N}$$

2. 摩擦阻力负载

$$F_f = \frac{fF_N}{\sin\left(\dfrac{\alpha}{2}\right)}$$

由于工件为垂直起升，所以垂直作用于导轨的载荷可由其间隙和结构尺寸求得 $F_N = 120\,\text{N}$，取 $f_s = 0.2$，$f_d = 0.1$，则有

静摩擦负载　　　　$F_{fs} = (0.2 \times 120/\sin 45°)\,\text{N} = 33.94\,\text{N}$
动摩擦负载　　　　$F_{fd} = (0.1 \times 120/\sin 45°)\,\text{N} = 16.97\,\text{N}$

3. 惯性负载

加速　　　　$F_{a1} = \dfrac{G}{g}\dfrac{\Delta v}{\Delta t} = \dfrac{6\,000}{9.81} \times \dfrac{0.045}{0.5}\,\text{N} = 55.05\,\text{N}$

减速　　　　$F_{a2} = \dfrac{G}{g}\dfrac{\Delta v}{\Delta t} = \dfrac{6\,000}{9.81} \times \dfrac{0.045 - 0.008}{0.5}\,\text{N} = 45.26\,\text{N}$

制动　　　　$F_{a3} = \dfrac{G}{g}\dfrac{\Delta v}{\Delta t} = \dfrac{6\,000}{9.81} \times \dfrac{0.008}{0.5}\,\text{N} = 9.79\,\text{N}$

反向加速　　　　$F_{a4} = \dfrac{G}{g}\dfrac{\Delta v}{\Delta t} = \dfrac{6\,000}{9.81} \times \dfrac{0.055}{0.5}\,\text{N} = 67.28\,\text{N}$

反向制动　　　　$F_{a5} = F_{a4} = 67.28\,\text{N}$

液压缸各工作阶段的负载见表 5 - 4（$\eta_{cm} = 0.91$）。在表 5 - 4 中考虑到液压缸垂直安放，其质量较大，为防止因自重而自行下滑，系统中须设置平衡回路。因此，在对快速向下运动的负载分析时，不考虑滑台 2 的质量。

表5-4　液压缸各工作阶段的负载

工况	计算公式	总负载 F/N	缸推力 F/N
启动	$F = F_{fs} + F_L$	6 033.94	6 630.70
加速	$F = F_L + F_{fd} + F_{a1}$	6 072.02	6 672.55
快上	$F = F_L + F_{fd}$	6 016.97	6 612.05
减速	$F = F_L + F_{fd} - F_{a2}$	5 971.71	6 562.32
慢上	$F = F_L + F_{fd}$	6 016.97	6 612.05
制动	$F = F_L + F_{fd} - F_{a3}$	6 007.18	6 601.30
反向加速	$F = F_{fd} + F_{a4}$	84.25	92.58
快下	$F = F_{fd}$	16.97	18.65
制动	$F = F_{fd} - F_{a5}$	-50.31	-55.29

二、负载图和速度图的绘制

负载图和速度图如图5-7所示。

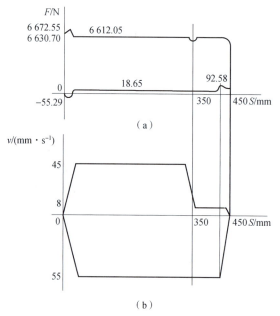

图5-7　液压缸的负载图和速度图
（a）负载图；（b）速度图

三、液压缸主要参数的确定

1. 初选液压缸的工作压力

根据图5-7（a）中的负载情况，查表5-2，初选液压缸的工作压力为2 MPa。

2. 计算液压缸的尺寸

$$A = \frac{F}{P} = 6\ 672.55 \times \frac{1}{2 \times 10^6}\ \text{m}^2 = 33.36 \times 10^{-4}\ \text{m}^2$$

$$D = \sqrt{\frac{4A}{\pi}} = \sqrt{\frac{4 \times 33.36 \times 10^{-4}}{3.141\,59}}\ \text{m} = 6.52 \times 10^{-2}\ \text{m}$$

按标准取 $D = 63$ mm。

根据快上和快下的速度比值来确定活塞杆的直径，即有

$$\frac{D^2}{D^2 - d^2} = \frac{55}{45}$$

$$d = 26.86\ \text{mm}$$

按标准取 $d = 25$ mm。因此，液压缸的有效面积为

无杆腔有效面积　　　$A_1 = \frac{1}{4}\pi D^2 = \frac{\pi}{4} \times 6.3^2\ \text{cm}^2 = 31.17\ \text{cm}^2$

有杆腔有效面积

$$A_2 = \frac{1}{4}\pi(D^2 - d^2) = \frac{\pi}{4} \times (6.3^2 - 2.5^2)\ \text{cm}^2 = 26.26\ \text{cm}^2$$

3. 活塞杆稳定性校核

因为活塞杆总行程为 450 mm，而活塞杆直径为 25 mm，$L/d = 450/25 = 18 > 5$，所以需进行稳定性校核。该液压缸为一端支承、一端铰接，由材料力学中的有关公式，取末端系数 $\psi_2 = 2$，活塞杆材料采用普通碳钢，则材料强度试验值 $f = 4.9 \times 10^8$ Pa，系数 $\alpha = 1/5\,000$，柔性系数 $\psi_1 = 85$，$r_K = \sqrt{J/A} = d/4 = 6.25$ mm，因为 $L/r_K = 72 < \psi_1\sqrt{\psi_2} = 85\sqrt{2} = 120$，所以有临界载荷 F_K 为

$$F_K = \frac{fA}{1 + \frac{\alpha}{\psi_2}\left(\frac{l}{r_K}\right)^2} = \frac{4.9 \times 10^8 \times \frac{\pi}{4} \times 25^2 \times 10^{-6}}{1 + \frac{1}{2 \times 5\,000}\left(\frac{450}{6.25}\right)^2}\ \text{N} = 197\,413.15\ \text{N}$$

若取安全系数 $n_K = 4$，则

$$\frac{F_K}{n_K} = \frac{197\,413.15}{4}\ \text{N} = 49\,353.29\ \text{N} > 6\,672.55\ \text{N}$$

所以，满足稳定性条件。

4. 求液压缸的最大流量及功率

工作循环中液压缸各工作阶段的压力、流量和功率见表 5-5。

表 5-5　液压缸各工作阶段的压力、流量和功率

工况	压力 p/MPa	流量 q/(L·min^{-1})	功率 P/W
快上	1.93	8.42	270.84
慢上	1.93	1.50	48.25
快下	0.006 5	8.67	0.94

5. 绘制工况图

由表 5 – 5 可绘制出液压缸的工况图，如图 5 – 8 所示。

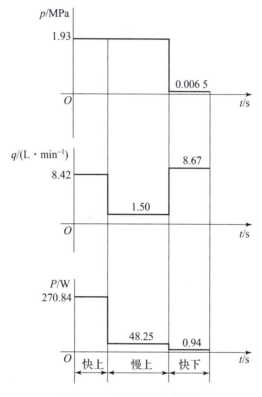

图 5 – 8　液压缸的工况图

四、液压系统原理图的拟定

液压系统原理图的拟定，主要考虑以下几个方面的问题。

（1）供油方式。从图 5 – 9 分析可知，该系统在快上和快下时所需流量较大，且比较接近，在慢上时所需的流量较小，因此，宜选用双联式定量叶片泵作为动力源。

（2）调速回路。由图 5 – 9 可知，该系统在慢速时速度需要调节，考虑到系统功率小，滑台运动速度低，工作负载变化小，所以采用调速阀的回油节流调速回路。

（3）速度换接回路。由于快上和慢上之间速度需要换接，但对换接的位置要求不高，所以采用由行程开关发信控制二位二通电磁阀的方式来实现速度的换接。

（4）平衡及锁紧。为防止在上端停留时重物下落和在停留期间内保持重物的位置，特在液压缸下腔（无杆腔）的进油路上设置了液控单向阀；另外，为了克服滑台自重在快下过程中的影响，设置一单向顺序阀。

本液压系统的换向采用三位四通 Y 型中位机能的电磁换向阀，图 5 – 9 所示为拟定的液压系统原理图，图 5 – 10 所示为采用叠加式液压阀组成的液压系统原理图。

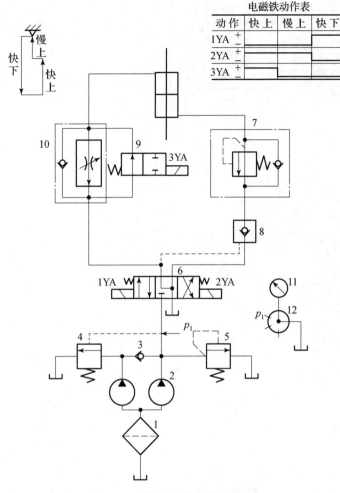

电磁铁动作表

动作	快上	慢上	快下
1YA	+ −		+
2YA	+ −		+
3YA	+ −		

图 5 – 9 拟定的液压系统原理图

1—过滤器；2—双联式定量叶片泵；3—单向阀；4—外控顺序阀；5—溢流阀；
6—三位四通电磁换向阀；7—单向顺序阀；8—液控单向阀；9—二位二通电磁换向阀；
10—单向调速阀；11—压力表；12—压力表开关

五、液压元件的选择

1. 确定液压泵的型号及电动机功率

由表 5–5 可知，液压缸在整个工作循环中最大工作压力为 1.93 MPa。由于该系统比较简单，所以取其压力损失 $\sum \Delta p = 0.4$ MPa，则液压泵的工作压力为

$$p_p = p_1 + \sum \Delta p = (1.93 + 0.4)\ \text{MPa} = 2.33\ \text{MPa}$$

当两个液压泵同时向系统供油时，若回路中的泄漏按 5% 计算，即取 $K = 1.1$，则两个泵的总流量应为 $q_p = 1.1 \times 8.67$ L/min = 9.537 L/min。

由于溢流阀最小稳定流量为 3 L/min，而工进时液压缸所需流量为 1.5 L/min，因此，高压泵的输出流量不得少于 4.5 L/min。

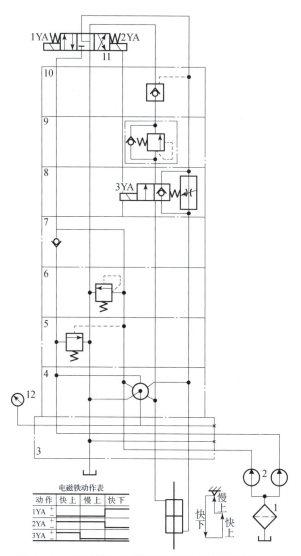

图 5-10 采用叠加式液压阀组成的液压系统原理图

根据以上压力和流量的数值查产品目录，选用 YB1-6.3/6.3 型的双联式定量叶片泵，其额定压力为 6.3 MPa，容积效率 $\eta_{pV} = 0.85$，总效率 $\eta_p = 0.75$。

输出流量（当电动机转速为 95 r/min 时） $q_p = (2 \times 6.3 \times 910 \times 0.85 \times 5 - 3)$ L/min = 9.75 L/min，则驱动该泵的电动机的功率为

$$P_P' = \frac{p_p q_p}{\eta_p} = \frac{2.33 \times 10^6 \times 9.75 \times 10^{-3}}{60 \times 0.75} \text{ W} = 504.83 \text{ W}$$

查电动机产品目录，拟选用电动机的型号为 Y90S-6，功率为 750 W，额定转速为 95 r/min。

2. 选择阀类元件及辅助元件

根据系统的工作压力和通过各个阀类元件及辅助元件的流量，可选出这些元件的型号及规格，见表 5-6 和表 5-7。

表 5-6　液压元件型号及规格（GE 系列）

序号	名称	通过流量 $q_{max}/(\text{L}\cdot\text{min}^{-1})$	型号及规格
1	滤油器	11.47	XLX-06-80
2	双联式定量叶片泵	9.75	YB1-6.3/6.3
3	单向阀	4.875	AF3-Ea5B
4	外控顺序阀	4.875	XF3-5B
5	溢流阀	3.375	YF3-5B
6	三位四通电磁换向阀	9.75	34EF3Y-E5B
7	单向顺序阀	11.57	AXF3-5B
8	液控单向阀	11.57	YAF3-Ea5B
9	二位二通电磁换向阀	8.21	22EF3-E5B
10	单向调速阀	9.75	AQF3-E5B
11	压力表		Y-50T
12	压力表开关		KF3-E3B
13	电动机		Y90S-6

表 5-7　液压元件型号及规格（叠加阀系列）

序号	名称	通过流量 $q_{max}/(\text{L}\cdot\text{min}^{-1})$	型号及规格
1	滤油器	11.47	XLX-06-80
2	双联式定量叶片泵	9.75	YB1-6.3/6.3
3	底板块	9.75	EDKA-5
4	压力表开关		4K-F5D-1
5	外控顺序阀	4.875	XY-F5D-P/O(P1)-1
6	溢流阀	3.375	Y1-F5D-P1/O-1
7	单向阀	4.875	A-F5D-P/PP1
8	电动单向调速阀	9.75	QAE-F6/5D-AU
9	单向顺序阀	11.57	XA-Fa5D-B
10	液控单向阀	11.57	AY-F5D-B(A)
11	三位四通电磁换向阀	9.75	34EY-H5BT
12	压力表		Y-50T
13	电动机		Y90S-6

注：根据江苏省海门液压件厂产品样本选择。

（1）油管：油管内径一般可参照所选元件油口尺寸确定，也可按管路允许流速进行计算。本系统油管选用外径为 8 mm、内径为 5 mm 的紫铜管。

（2）油箱：油箱容积根据液压泵的流量计算，取其体积 $V = (5 \sim 7) q_p$，即 70 L。

六、液压系统的性能验算

由于本液压系统比较简单，压力损失验算可以忽略；又由于系统采用双泵供油方式，在液压缸工作阶段，大流量泵卸荷，功率使用合理；同时油箱容积可以取较大值，系统发热温升不大，故不必进行系统温升的验算。

项目六　气动系统运行与维修

任务一　气动元件认知

学习目标

1. 知识目标

（1）了解气动系统的工作原理。

（2）熟悉气动元件的工作原理及应用。

2. 技能目标

（1）能够说出气动系统常见元件的名称。

（2）能够绘制气动系统元件图形符号。

3. 素质目标

（1）具备良好的沟通能力和表达能力。

（2）具备查询气动元件手册的基本能力。

（3）具有与他人密切合作，规范安全地完成学习活动的能力。

气动系统认知
微课

任务描述

一个气动系统往往由气压传动系统和气动控制系统两部分组成。它们都是由最基本的气动元件按照一定的规律所构成的。气动元件按照其在系统中所起的作用不同，分为气源设备或气源装置、气动执行元件、气动控制元件、传感元件和转换元件及气动辅件等。

子任务一　气源装置

任务引入

产生、处理和储存压缩空气的设备称为气源设备，由气源设备组成的系统称为气源装置，它为气动系统提供动力。那么气源装置的组成有哪些？其各组成部分的种类、

结构、工作原理以及功能如何？本子任务将结合图 6 – 1 所示系统对气源装置进行剖析。

气源装置的组成根据气动系统的复杂程度不同，其配置也需要作出相应的调整，但其在气动系统中的作用基本不变。本子任务将首先介绍气源装置的组成和各组成部分的结构，从而使学生能够理解其工作原理。通过本子任务的学习，学生应能够正确选择、使用和维护气源装置。

气源装置故障
排除微课

任务实施

气源装置的作用是为气动设备提供符合需要的压缩空气。由气源设备组成的系统称为气源系统。典型的气源系统如图 6 – 1 所示。

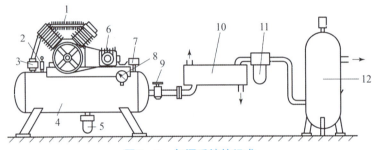

图 6 – 1　气源系统的组成

1—空气压缩机；2—安全阀；3—单向阀；4—小气罐；5—自动排水器；6—电动机；7—压力开关；
8—压力表；9—截止阀；10—后冷却器；11—油水分离器；12—储气罐

图 6 – 1 中空气压缩机 1 一般由电动机 6 驱动，产生的压缩空气经单向阀 3 进入小气罐 4，进气口装有简易空气过滤器，过滤掉空气中的一些灰尘等杂质。小气罐内的压缩空气经冷却后，会有部分水和油凝结出来，由自动排水器 5 排出。当小气罐内压力低于压力开关 7 的设定值下限时，开关闭合，控制电动机驱动空气压缩机工作，向小气罐内送入压缩空气；当小气罐内压力升高到超过压力开关的设定值上限时，开关断开，电动机停止工作，空气压缩机的运转就是这一过程的循环。如果由于其他原因使小气罐内的空气压力上升到超过安全阀 2 设定值时，安全阀开启，把超过安全阀设定值的压缩空气排入大气，以确保小气罐内压力在安全压力范围内。小气罐内压缩空气的压力由压力表 8 显示。小气罐内的压缩空气经截止阀 9 进入后冷却器 10 冷却，冷却后的压缩空气通过油水分离器 11 分离冷却凝结出的油和水滴后，进入储气罐 12，即可供一般要求的气动系统使用。

一、空气压缩机

空气压缩机（简称空压机）是气动系统的动力源，它是把电动机等输出的机械能转换成压缩空气的压力能的能量转换装置。

1. 空压机的工作原理

按空压机结构的不同，可分为活塞式空压机、滑片式空压机和螺杆式空压机三类。气动系统中最常用的空压机为活塞式空压机，单级活塞式空压机的工作原理如图6-2所示，滑片式空压机的工作原理如图6-3所示，螺杆式空压机的主机结构如图6-4所示。其中图6-2中，当活塞向右移动时，气缸内活塞左腔的压力低于大气压力，在压力差的作用下外界空气推开吸气阀，进入缸内，这个过程称为"吸气过程"。当活塞向左移动，吸气阀在阀门弹簧的作用下关闭，缸内气体被压缩，压力升高，这个过程称为"压缩过程"。当缸内压力高于输出管道内压力后，排气阀被打开，压缩空气输送至管道内，这个过程称为"排气过程"。电动机带动曲柄转动，通过连杆带动滑块在滑道内移动，使活塞杆带动活塞做直线往复运动。曲柄旋转一周，活塞往复移动一次，即完成一次"吸气→压缩→排气"的工作循环。

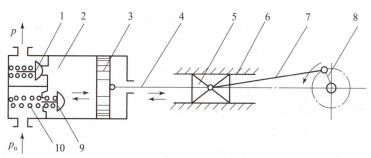

图6-2 单级活塞式空压机的工作原理
1—排气阀；2—气缸；3—活塞；4—活塞杆；5—滑块；6—滑道；
7—连杆；8—曲柄；9—吸气阀；10—阀门弹簧

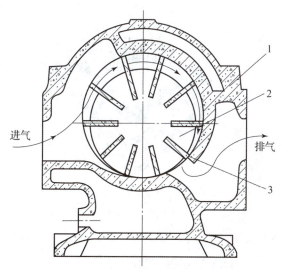

图6-3 滑片式空压机的工作原理
1—机体；2—转子；3—叶片

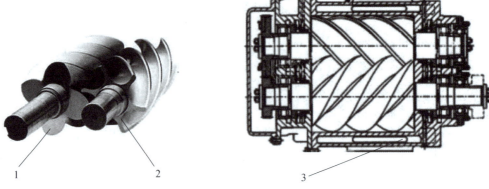

图 6-4　螺杆式空压机的主机结构
1—阳螺杆；2—阴螺杆；3—机体

图 6-2 所示结构的空压机在排气过程结束时总有剩余容积存在，在下一次吸气时，剩余容积内的压缩空气会膨胀，从而减少了吸入的空气量，降低了效率，增加了压缩功。而且由于剩余容积的存在，当压缩比增大时，温度急剧升高，所以当输出压力较高时，应采用分级压缩。分级压缩可降低排气温度，节省压缩功，提高容积效率，增加压缩气体的排气量。图 6-5 所示为两级活塞式压缩机，它通过两个阶段将吸入的空气压缩到最终压力。如果最终压力为 0.7 MPa，则第一级气缸通常将吸入的自由空气压缩到 0.3 MPa，然后被冷却，再输送到第二级气缸中压缩到 0.7 MPa，最后输出的温度大约为 120 ℃。由于压缩空气通过中间冷却器后温度大大降低，再进入第二级气缸，因此，相对于单级活塞式压缩机提高了效率。大多数空压机是多缸多活塞的组合。

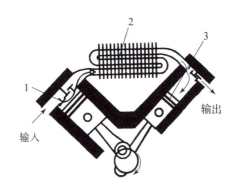

图 6-5　两级活塞式压缩机
1—第一级气缸；2—中间冷却器；3—第二级气缸

图 6-3、图 6-4 所示两种空压机工作原理与类似结构的液压泵相同，此处不再赘述。

2. 空压机的选用

空压机按输出压力大小可分为低压型（0.2～1.0 MPa）、中压型（1.0～10 MPa）和高压型（10～100 MPa）；按输出流量（排量）可分为微型（＜1 m³/min）、小型

（1~10 m³/min）、中型（10~100 m³/min）和大型（>100 m³/min）。

多数气动系统装置是断续工作的，负载波动较大，因此，选用空压机的依据主要是系统所需的工作压力和流量两个参数。首先按空压机的特性要求，选择空压机的类型，再根据气动系统所需的工作压力和流量，确定空压机的输出压力和吸入流量，最终选取空压机的型号。选用计算公式如下

空压机的输出压力 $\qquad p = p_{max} + \sum \Delta p$ $\qquad$ (6-1)

空压机的吸入流量 $\qquad q_c = K q_b$ $\qquad$ (6-2)

不设气罐时 $\qquad q_b = g_{max}$ $\qquad$ (6-3)

设气罐时 $\qquad q_b = q_{sa}$ $\qquad$ (6-4)

空压机的功率为（单位为 kW）

$$N = \frac{(n+1)k}{k-1} \times \frac{p_1 q_c}{0.06} \left[\left(\frac{p_c}{p_1} \right)^{\frac{k-1}{(n+1)k}} - 1 \right] \qquad (6-5)$$

式中，p 为空压机的输出压力，MPa；p_{max} 为气动执行元件的最高使用压力，MPa；$\sum \Delta p$ 为气动系统的总压力损失，一般情况下，$\sum \Delta p = （0.15~0.2）$ MPa；q_c 为空压机的吸入流量，m³/min；q_b 为向气动系统提供的流量，m³/min；K 为修正系数，主要考虑气动元件、管接头等处的漏损、多台气动设备不一定同时使用的利用率以及增添新的气动设备的可能性等因素，一般可令 $K = 1.3~1.5$；g_{max} 为气动系统的最大耗气量，m³/min；q_{sa} 为气动系统的平均耗气量，m³/min；n 为中间冷却器个数；k 为等熵指数，$k = 1.4$；p_c 为输出空气的绝对压力，MPa；p_1 为吸入空气的绝对压力，MPa。

一般气动系统的工作压力为 0.5~0.6 MPa，因此选用额定输出压力为 0.7~0.8 MPa 的低压空压机即可，特殊需要时可选用中压、高压或超高压的空压机。空压机标牌上的排气量是标准大气压下的排气量。

二、气动辅助元件

1. 后冷却器

空压机输出的压缩空气温度可达 140~170 ℃，在此温度下，空气中的水分、油分完全呈气态，成为易燃易爆的气源，且它们的腐蚀作用很强，会损坏气动设备而影响系统的正常工作。后冷却器的作用就是将空压机出口的高温空气冷却至 40~50℃，将大量水蒸气和变质油雾冷凝成液态水滴和油滴，以便将它们清除掉。

后冷却器按冷却介质不同，可分为风冷式后冷却器和水冷式后冷却器。通常风冷式后冷却器适用于入口空气温度低于 100 ℃ 的场合，冷却后出口压缩空气的温度比室温约高 15 ℃。图 6-6 所示为水冷式后冷却器的结构示意图及图形符号。热的压缩空气由管内流过，冷却水在管外的水套中流动进行冷却，为了提高降温效果，在安装使用时要特别注意冷却水与压缩空气的流动方向（图 6-6 中箭头所示方向）。水冷式后冷却器适用于进口压缩空气的最高温度为 180~200 ℃ 的场合，冷却后出口压缩空气的温度比冷却水温度最多高出约 10 ℃。后冷却器最低处需设置自动或手动排水器，以排除冷凝水和油滴等杂质。

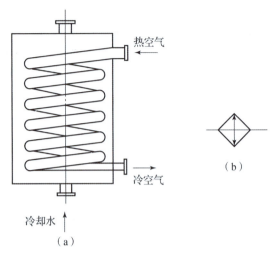

热空气

冷空气

冷却水

（a）

（b）

图 6 - 6　水冷式后冷却器的结构示意图及图形符号

（a）结构示意图；（b）图形符号

2. 储气罐

储气罐的作用是消除活塞式空压机排出气流的压力脉动，保证输出气流的连续性和平稳性；储存一定量的压缩空气，以解决空压机的输出量和气动设备耗气量之间的不平衡，尽可能减少空压机经常发生的"满载"与"空载"现象；可以进一步冷却压缩空气的温度，分离压缩空气中所含的油分和水分；当空压机发生故障意外停机、出现突然停电等情况时，储气罐中储存的压缩空气可作为应急能源使用。

储气罐与后冷却器、油水分离器等，都属于受压容器，在每台储气罐上必须配套以下装置。

（1）储气罐上应安装安全阀，一般其调整压力比正常工作压力高约 10%。

（2）储气罐空气进出口应装有闸阀。

（3）储气罐上应有指示罐内空气压力的压力表。

（4）储气罐结构上应有检查孔。

（5）储气罐底端应有排放油、水的接管和阀门。

储气罐一般采用圆筒状焊接结构，如图 6 - 7（a）所示，有立式和卧式两种安装方式。储气罐应布置在室外、人流较少和阴凉处。

选择储气罐容积时，可参考下列经验公式。

图 6 - 7　储气罐外形及图形符号

（a）外形；（b）图形符号

1—安全阀；2—压力表；3—检查孔；

4—排水阀

当 $q < 0.1$ m^3/s 时　　　$V_c = 0.2q$　　　　　　　　　　（6 - 6）

当 $q = 0.1 \sim 0.5$ m^3/s 时　　$V_c = 0.15q$　　　　　　　　（6 - 7）

当 $q > 0.5$ m^3/s 时　　　$V_c = 0.1q$　　　　　　　　　　（6 - 8）

式中，q 为空压机的额定排气量，m^3/s；V_c 为储气罐容积，m^3。

3. 过滤器

过滤器的作用是滤除压缩空气中的杂质，达到系统所要求的净化程度。常用的有一次过滤器、二次过滤器和高效过滤器。

（1）一次过滤器（也称简易空气过滤器）。它由壳体和滤芯组成，按滤芯所采用的材料不同，可分为纸质过滤器、织物过滤器（麻布、绒布、毛毡）、陶瓷过滤器、泡沫塑料过滤器和金属过滤器（金属网、金属屑）等。空气中所含的杂质和灰尘，若进入系统中，则将加剧相对滑动件的磨损，加速润滑油的老化，降低密封性能，使排气温度升高，功率损耗增加，从而使压缩空气的质量大幅降低。所以在空气进入空压机之前，必须经过简易空气过滤器，以滤去其中所含的一部分灰尘和杂质。空压机中普遍采用纸质过滤器和金属过滤器。

（2）二次过滤器（也称空气滤气器）。在空压机的输出端使用的为二次过滤器。图6-8所示为二次过滤器的结构图及图形符号。其工作原理是压缩空气从输入口进入后，被引入旋风叶片1，旋风叶片上有许多呈一定角度的缺口，迫使空气沿切线方向产生强烈旋转。这样夹杂在空气中的较大水滴、油滴和灰尘等便获得较大的离心力，从空气中分离出来沉到存水杯3底部。然后，气体通过中间的滤芯2，又滤掉部分杂质、灰尘，洁净的空气便从输出口输出。为防止气体旋转的旋涡将存水杯中积存的污水卷起，在滤芯下部设有挡水板4。为保证二次过滤器正常工作，必须及时将存水杯中的污水通过手动排水阀5排放。在某些人工排水不方便的场合，可选择自动排水式空气过滤器。存水杯由透明材料制成，便于观察其工作情况、污水高度和滤芯污染程度。

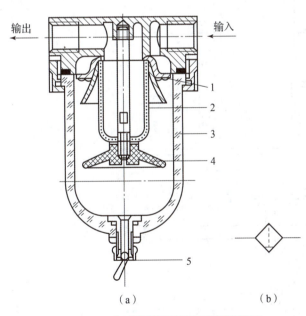

输出　　　　　　　　　　输入

1
2
3
4

5

（a）　　　　　　　　（b）

图6-8　二次过滤器的结构图及图形符号

（a）结构图；（b）图形符号

1—旋风叶片；2—滤芯；3—存水杯；4—挡水板；5—手动排水阀

（3）高效过滤器的过滤效率更高，适用于要求较高的气动设备和射流元件。

4. 干燥器

压缩空气经后冷却器、油水分离器、储气罐、主管路过滤器得到初步净化后，仍含有一定的水蒸气，其含量的多少取决于空气的温度、压力和相对湿度。对于某些要求提供更高质量压缩空气的气动系统来说，还必须在气源装置中设置压缩空气的干燥装置。在工业上，压缩空气常用的干燥方法有吸附法、冷冻法和膜析出法。

（1）吸附式干燥器。吸附式干燥器是利用具有吸附性的吸附剂（如硅胶、铝胶和分子胶）来吸附压缩空气中的水分，达到使压缩空气干燥的目的。无热再生吸附式干燥装置是气源装置中使用最多的一种干燥器。当干燥器使用几分钟后，吸附剂吸水达到饱和状态而失去吸水能力，因此，需设法除去吸附剂中的水分，使其恢复干燥状态，以便继续使用，这就是吸附剂再生。图6-9所示为无热再生吸附式干燥器的工作原理图及图形符号。图6-9（a）中T_1和T_2是两个充填有吸附剂的容器，当空气从T_1下部流到上部，空气中的水分被吸附得到干燥空气；一部分干燥空气又从T_2上部流到下部，把吸附在吸附剂中的水分带走并排入大气。这样就实现了不需外加热就能使吸附剂再生。此外，使两容器定期交换工作使吸附剂产生吸附和再生，即可得到连续输出的干燥压缩空气。无热再生吸附式干燥器适用于处理空气量小，但干燥程度要求高的场合。

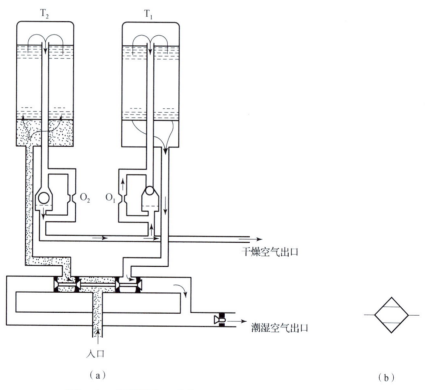

图6-9 无热再生吸附式干燥器的工作原理图及图形符号
（a）工作原理图；（b）图形符号

（2）冷冻式干燥器。冷冻式干燥器使压缩空气冷却到露点温度，然后析出空气中超过饱和气压部分的水分，降低其含湿量，增加空气的干燥程度。图6-10所示为冷冻式干燥器的工作原理图。图6-10中，潮湿的热压缩空气进入热交换器的外筒被预冷，再流入内筒经制冷器冷却到露点温度（2～10 ℃）。在此过程中，水蒸气冷凝成水滴，经分离器排出。

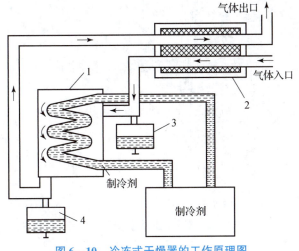

图 6 – 10　冷冻式干燥器的工作原理图

1—制冷器；2—热交换器；3，4—分离器

5. 消声器

气动系统一般不设排气管道，用后的压缩空气直接排入大气，较高的压差使气体体积急剧膨胀，产生涡流，引起气体的振动，发出强烈的声响，一般可达 100～120 dB，危害人身健康。消声器是一种允许气流通过而能使声能衰减的装置，能够降低气流通道上的空气动力性噪声。消声器的种类很多，根据消声原理不同，可分为阻性消声器、抗性消声器和阻抗复合式消声器等。

（1）阻性消声器：利用在气流通道内表面上的多孔吸声材料来吸收声能。其结构简单，能在较宽的高频范围内消声，特别是对刺耳的高频声波有突出的消声作用，但对低频噪声的消声效果较差。

（2）抗性消声器：利用管道的声学特性，在管道中设置突变界面或旁通共振腔，使声波不能沿管道传播、透过，从而达到消声目的。它能较好地消除低频噪声，可在高温、高速脉冲气流下工作，适用于汽车、拖拉机等排气管道的消声。抗性消声器有扩张室消声器、共振消声器和干涉消声器等几种。

（3）阻抗复合式消声器：由阻性消声器和抗性消声器组合而成，常用的有扩散室 – 阻抗复合消声器、共振腔 – 阻性复合消声器和扩散室 – 共振腔 – 阻性复合消声器等。

（4）微穿孔板消声器：用金属板制成，本身为一种阻抗复合式消声器，在宽阔的频率范围内具有良好的消声效果。金属板上的小孔孔径小于 1 mm，穿孔率为 1%～3%。微穿孔板具有阻抗小、耐高温、不怕油雾和水蒸气的特点。

（5）多孔扩散消声器：常安装在气动方向控制阀的排气口上，用于消除高速喷气射流噪声，在多个气阀排气消声时，也可用集中排气消声的方法。图 6 – 11 所示为多孔扩散消声器的结构图及图形符号。该消声器的消声材料用铜颗粒或塑料颗粒烧结而成，其有效流出面积大于排气管道的有效面积。这种消声器在气动系统中应用较多。

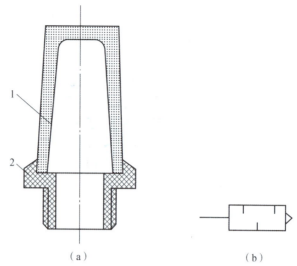

（a）　　　　　　　　　　（b）

图 6-11　多孔扩散消声器的结构图及图形符号

（a）结构图；（b）图形符号

1—消声罩；2—连接螺钉

6. 油雾器

气压传动中的各种阀和气缸一般都需要润滑，油雾器是一种特殊的供油润滑装置。它以压缩空气为动力，将润滑油喷射呈雾状，并混合于压缩空气中，随着压缩空气进入需要润滑的部位，达到润滑气动元件的目的。气动控制阀、气缸和气动马达主要是靠这种混合有油雾的压缩空气实现润滑的，其优点是方便、干净和润滑质量高。图 6-12 所示为普通型油雾器的结构图及图形符号。

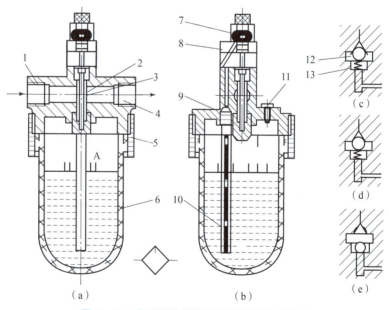

（a）　　　　　　　　　　（b）

图 6-12　普通型油雾器的结构图及图形符号

1—输入口；2、3—小孔；4—输出口；5—阀座；6—储油杯；7—节流阀；8—视油器；
9—单向阀；10—吸油管；11—油塞；12—钢球；13—弹簧

压缩空气从输入口 1 进入后，通过小孔 3 进入特殊单向阀（由阀座 5、钢球 12 和弹簧 13 组成，其阀座腔内的工作情况如图 6 – 12（c）、图 6 – 12（d）、图 6 – 12（e）所示。如图 6 – 12（c）所示，在钢球 12 上下表面形成压力差，此压力差部分被弹簧 13 的弹力所平衡，使钢球处于中间位置，因此，压缩空气就进入储油杯 6 的上腔 A，使油面受压，润滑油经吸油管 10 将单向阀 9 的钢球托起，钢球上部通道有一个边长小于钢球直径的四方孔，使钢球不能将上部通道封死，因此润滑油能不断地流入视油器 8 内，到达喷嘴小孔 2 中，被主通道中的气流从小孔 2 中引射出来，雾化后从输出口 4 输出。视油器 8 上部的节流阀 7 用于调节滴油量，可在 0 ~ 200 滴/min 的范围内调节。

普通型油雾器能在工作状态下加油。在拧松油塞 11 后，A 腔与大气相通使压力下降，同时输入进来的压缩空气将钢球 12 压在阀座 5 上，切断压缩空气进入 A 腔的通道，如图 6 – 12（e）所示。此时由于吸油管中单向阀 9 的作用，压缩空气也不能从吸油管倒灌到储油杯 6 中，所以就允许在不停气的状态下向储油杯 6 加油。加油完毕，拧上油塞 11，特殊单向阀又恢复正常工作状态，油雾器又开始供油工作。

储油杯一般用透明聚碳酸酯制成，以便看清杯中的储油量和清洁程度，也便于补充和更换油液。视油器用透明有机玻璃制成，能清楚地看到油雾器的滴油情况。

安装油雾器时要注意进、出口不能接错，必须垂直设置；保持油面在正常高度范围内。供油量根据使用条件的不同而不同，一般以 10 m³ 自由空气（标准状态下）供给 1 mL 的油量为基准。

子任务二　气动执行元件认知

 任务引入

气动系统中将压缩空气的压力能转化为机械能的能量转换装置称为气动执行元件，它能够驱动机构实现直线往复运动，摆动、旋转运动或夹持运动。那么这些气动执行元件有哪些种类，有什么样的结构，如何工作，如何选择和使用等都关系到气动系统的运行性能。

 任务分析

不同的气动系统由于工作环境和使用条件的不同，对所使用的气动执行元件的要求也不一样。本子任务首先介绍气动执行元件的种类、结构和工作原理等知识，使学生能够掌握正确选用气动执行元件的基本技能。

 任务实施

气动系统中将压缩空气的压力能转化为机械能的能量转换装置称为气动执行元件，主要有气缸和气动马达两种。它能驱动机构实现往复运动，摆动、旋转运动或夹持运动。

执行元件故障排除微课

一、气动执行元件的特点

（1）与液压执行元件相比，气动执行元件的运动速度快、工作压力低，适用于低输出力的场合；正常工作环境温度范围宽，一般可在 $-35 \sim +80\ ℃$（有的甚至可达 $+200\ ℃$）的环境下正常工作。

（2）相对于机械传动来说，气动执行元件的结构简单、制造成本低、维修方便，便于调节输出力和速度大小。另外，其安装方式、运动方向和执行元件的数量可根据机械装置的要求由设计人员自由选择。特别是随着制造技术的发展，气动执行元件已向模块化、标准化的方向发展。

（3）由于气体的可压缩性，气动执行元件在速度控制、抗负载影响等方面的性能劣于液压执行元件。当需要较精确地控制运动速度、减少负载变化对运动的影响时，常需要借助气动－液压联合装置来实现。

二、气缸

气缸的分类方法有许多种。按压缩空气对活塞的施力方式，气缸可分为单作用气缸和双作用气缸；按气缸的结构特征，气缸可分为活塞式气缸、柱塞式气缸和薄膜式气缸等；按气缸的功能，气缸可分为普通气缸、膜片气缸、冲击气缸、气液阻尼缸、气液增压缸、数字气缸、伺服气缸、缓冲气缸、摆动气缸、耐热气缸、耐腐蚀气缸、低摩擦气缸、高速气缸、直线驱动单元气缸、模块化驱动装置气缸和气动机械手气缸等十余种。本节仅介绍几种常见的气缸。

1. 普通气缸

普通气缸一般由缸体、前后缸盖、活塞、活塞杆、密封件和紧固件等组成。单出杆气缸被活塞分成有杆腔和无杆腔。

（1）单作用气缸。

压缩空气只从一腔进入气缸推动活塞或柱塞向一个方向运动，而活塞的返回是靠弹簧、膜片张力、重力等其他外力，这类气缸称为单作用气缸。图 6 – 13 所示为单作用气缸的结构原理图。

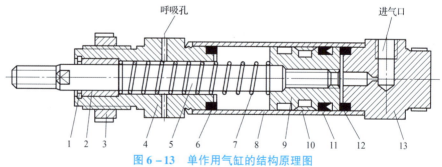

图 6 – 13　单作用气缸的结构原理图

1—卡环；2—导向套；3—螺母；4—前缸盖；5—活塞杆；6—弹性垫；7—弹簧；8—缸体；
9—活塞；10—导向环；11—密封圈；12—弹性垫；13—后缸盖

（2）双作用气缸。

气缸活塞的往复运动均由压缩空气的作用来完成，这类气缸称为双作用气缸，是应用最为广泛的一种普通气缸。图 6 – 14 所示为双作用气缸的结构原理图，它主要由缸体、缸盖、活塞、活塞杆和密封件、紧固件等组成。缸体前后用缸盖及密封圈等固定连接。有活塞杆侧的缸盖为前缸盖，无活塞杆侧的缸盖为后缸盖，一般在缸盖上开设有进、排气通口，如活塞运动速度较高时（一般为 1 m/s 左右），可在行程的末端装设缓冲装置。前缸盖上设有密封圈、防尘组合密封圈和导向套，以此提高气缸的导向精度。活塞杆和活塞紧固连接，活塞上有防止左、右两腔互通窜气的密封圈及耐磨环；带磁性开关的气缸，活塞上装有永久性磁环，它可触发安装在气缸上的磁性开关来检测气缸活塞的运动位置。活塞两侧一般装有缓冲垫，如为气缓冲，则活塞两侧沿轴线方向设有缓冲柱塞，前、后两缸盖上有缓冲节流阀和缓冲套。当气缸运动到端头时，缓冲柱进入缓冲套内，气缸排气需经缓冲节流阀，排气阻力增加，产生排气背压，形成缓冲气垫，起到缓冲作用。

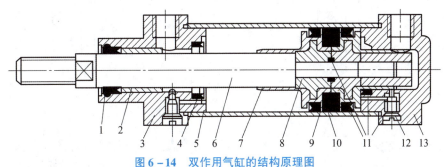

图 6-14　双作用气缸的结构原理图

1—防尘组合密封圈；2—导向套；3—前缸盖；4—缓冲垫；5—缸体；6—活塞环；7—缓冲柱塞；8—活塞；
9—永久性磁环；10—导向环；11—密封圈；12—缓冲节流阀；13—后缸盖

2. 膜片气缸

膜片气缸分为单作用式膜片气缸和双作用式膜片气缸两种。单作用式膜片气缸结构如图6-15（a）所示，其工作原理是当压缩空气进入上腔时，膜片 2 在气压的作用下产生变形使活塞杆 4 伸出，夹紧工件；松开工件则靠弹簧的作用使膜片复位。双作用式膜片气缸结构如图6-15（b）所示。膜片气缸结构简单、质量小、无泄漏、使用寿命长、制造成本低，但行程较短，一般不超过 40 mm，广泛应用于夹紧和自锁机构。

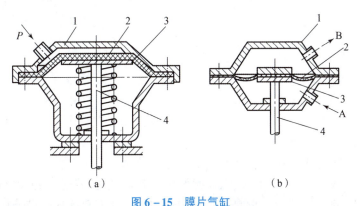

（a）　　　　　　　　　　（b）

图 6-15　膜片气缸

（a）单作用式膜片气缸结构；（b）双作用式膜片气缸结构

1—缸体；2—膜片；3—膜盘；4—活塞杆

3. 冲击气缸

冲击气缸是一种体积小、结构简单、易于制造、耗气功率小，但能产生相当大的冲击力的特殊气缸。与普通气缸相比，冲击气缸的结构特点是增加了一个具有一定容积的蓄能腔和喷嘴，其工作原理图如图 6-16 所示。

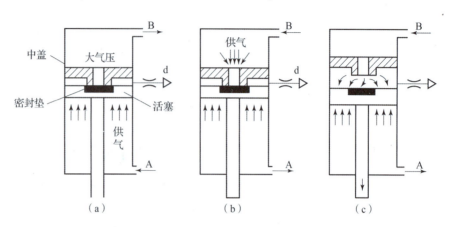

图 6-16　冲击气缸的工作原理图

冲击气缸的整个工作过程可简单地分为三个阶段。第一阶段（见图 6-16（a）），压缩空气由孔 A 输入冲击气缸的下腔，储气缸经孔 B 排气，活塞上升并用密封垫封住喷嘴，中盖和活塞间的环形空间经排气孔与大气相通。第二阶段（见图 6-16（b）），压缩空气改由孔 B 进气，输入储气缸中，冲击气缸下腔经孔 A 排气。由于活塞上端气压作用在面积较小的喷嘴上，而活塞下端受力面积较大，一般为喷嘴面积的 9 倍，因此冲击气缸下腔的压力虽因排气而下降，但活塞下端向上的作用力仍然大于活塞上端向下的作用力。第三阶段（见图 6-16（c）），储气缸的压力继续增大，冲击气缸下腔的压力继续降低，当储气缸内压力高于下腔压力的 9 倍时，活塞开始向下移动，活塞一旦离开喷嘴，那么储气缸内的高压气体会迅速充入活塞与中盖间的空间，使活塞上端受力面积突然增加 9 倍，于是活塞将以极大的加速度向下运动，气体的压力能转换成活塞的动能。在冲程达到一定值时，将获得最大冲击速度和能量，利用这个能量对工件进行冲击做功，可产生很大的冲击力。

冲击气缸的缺点是噪声大、能量消耗大、冲击效率低。

4. 气液阻尼缸

气缸的工作介质通常是可压缩的空气，动作快，但速度较难控制，当负载变化较大时，容易产生"爬行"或"自走"现象。液压缸的工作介质通常是不可压缩的液压油，动作不如气缸快，但速度容易控制，当负载变化较大时，不易产生"爬行"或"自走"现象。气液阻尼缸充分利用了气动和液压的优点，用气缸产生驱动力，用液压缸进行阻尼，如图 6-17 所示。气液阻尼缸的工作原理是当气缸活塞左行时，带动液压缸活塞一起运动，液压缸左腔排油，单向阀关闭，油液只能通过节流阀排入液压缸的右腔内。因此调节节流阀的开度，控制排油速度，即可达到调节气液阻尼缸活塞运动速度的目的，液压单向节流阀可以实现慢速前进和快速退回。

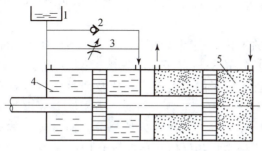

图 6 - 17　气液阻尼缸的工作原理图
1—油箱；2—单向阀；3—节流阀；4—液压缸；5—气缸

5. 标准化气缸

（1）标准化气缸的标记和系列。

标准化气缸使用的标记是用字母 QG 表示气缸，用字母 A、B、C、D、H 表示 5 种系列，具体标记方法为

| QG | A、B、C、D、H | 缸径 | × | 行程 |

5 种标准化气缸系列为：QGA（无缓冲普通气缸）、QGB（细杆（标准杆）缓冲气缸）、QGC（粗杆缓冲气缸）、QGD（气液阻尼缸）和 QGH（回转气缸）。

例如，QGA100 × 125 表示缸径为 100 mm、行程为 125 mm 的无缓冲普通气缸。

（2）标准化气缸的主要参数。

标准化气缸的主要参数是缸径 D 和行程 L。因为在一定的气源压力下，缸径表示气缸活塞杆的理论输出推力，行程表示气缸的作用范围。

标准化气缸系列有 11 种规格，具体如下。

1）缸径 D：40 mm、50 mm、63 mm、80 mm、100 mm、125 mm、160 mm、200 mm、250 mm、320 mm、400 mm。

2）行程 L：对无缓冲气缸 $L = (0.5 \sim 2)D$，对缓冲气缸 $L = (1 \sim 10)D$。

6. 气缸的选择

在气动设备设计及设备更新改造时，首先应选择标准化气缸，其次才考虑自行设计。标准化气缸的选择应考虑的因素很多，主要有以下方面：（1）类型的选择，根据工作要求和条件选择类型，如高温环境下应选择耐热气缸；（2）安装形式的选择，根据安装位置、使用目的选择安装形式，一般选用固定式气缸；（3）作用力大小的选择，根据负载的大小来确定气缸的输出推力和拉力；（4）活塞行程的选择，根据使用的场合和机构的行程确定，一般不选用满行程，以防活塞和缸盖相碰；（5）活塞运动速度的选择，主要取决于气缸输入压缩空气流量、气缸进排气口大小及导管内径的大小，要求高速运动时应取大值。

三、气动马达

气动马达是把压缩空气的压力能转换成机械能的能量转换装置之一，输出的是力矩和转速，用来驱动机构实现旋转运动。气动马达按工作原理分为容积式气动马达和涡轮式气动马达两大类。气动设备中最常使用的容积式气动马达有叶片式气动马达、

活塞式气动马达和齿轮式气动马达。其中气动系统中使用最广泛的是叶片式气动马达和活塞式气动马达。

叶片式气动马达的工作原理图及图形符号如图 6－18 所示，它主要由定子、转子、叶片、机体等组成。转子与定子偏心安装，偏心距为 e，叶片安装在转子的槽中，这样转子的外表面、定子的内表面、叶片及两端密封盖就形成了若干个密封工作空间。其工作原理与叶片式液压马达相似。当压缩空气由 A 孔进入气室后立即喷向叶片 1 和叶片 4，气压作用在叶片的外伸部分，通过叶片带动转子 2 做逆时针转动，输出转矩和转速，做完功的气体从排气口 B 排出（二次排气）；若进、排气口互换，则转子反转，输出相反方向的转矩和转速。转子转动的离心力和叶片底部的气压力、弹簧力（图 6－18 中未画出）使叶片紧密地与定子 3 的内壁接触，以保证可靠密封，提高容积效率。

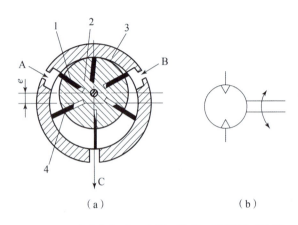

（a）　　　　　　　　　　（b）

图 6－18　叶片式气动马达的工作原理图及图形符号

（a）工作原理图；（b）图形符号

1，4—叶片；2—转子；3—定子

叶片式气动马达适用于无级调速、小转矩的场合，如风动工具中的风钻、风动扳手、风动砂轮等。

气动马达的优点是可以无级调速，过载自动停转，不易引起火灾，工作安全，可实现瞬时换向，具有较高的启动转矩，功率及转速范围较宽，长时间满载连续运转温升较小，操作维修简便等；其缺点是输出功率小、耗气量大、效率低、噪声大和易产生振动等。

子任务三　气动控制元件认知

任务引入

气动系统利用压缩空气作为介质传递能量和控制信号，那么压缩空气的压力、流量及流动方向等是如何控制的？气动执行元件的运动速度、运动方向及输出力或转矩的大小又是由哪些元件来控制的呢？

任务分析

不同的气动系统由于工作环境和使用条件的不同，对所使用的气动控制元件种类、数量、型号规格等的要求也不一样。本子任务首先介绍气动控制元件的种类、结构、工作原理等基础知识，利用一些简单回路说明气动控制元件在气动系统中的作用，使学生能够掌握正确选用、调节气动控制元件的基本技能。

任务实施

在气动控制系统中，用于信号传感与转换、参数调节和逻辑控制等的各类元件统称气动控制元件。它们在气动控制系统中起着信号转换、逻辑程序控制，压缩空气的压力、流量和方向控制等作用，以保证气动执行元件按照气动控制系统规定的程序正确而可靠地动作。本子任务主要介绍常用气动控制阀的结构、工作原理及其应用。

控制元件故障排除微课

气动控制阀按其作用可分为方向控制阀、压力控制阀和流量阀三类。

一、方向控制阀

改变压缩空气流动方向和气流通断状态，使气动元件（包括气动执行元件和气动控制元件）的动作或状态发生变化的控制称为方向控制。实现该类控制的气动元件称为方向控制阀（简称方向阀）。

按照阀内气流的控制方向可将方向阀分为单向型方向阀和换向阀。

1. 单向型方向阀

单向型方向阀的一般控制方式均为气压控制，连接方式为管式连接，密封性质为间隙或者弹性密封。单向型方向阀有单向阀、梭阀、双压阀和快速排气阀。

（1）单向阀。

如图6-19所示，单向阀的工作原理与液压单向阀相同。

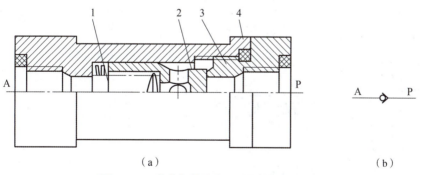

（a）   （b）

图6-19 单向阀的结构原理图及图形符号

（a）结构原理图；（b）图形符号

1—弹簧；2—阀芯；3—阀座；4—阀体

在气动系统中，单向阀除单独使用外，还经常与流量阀、换向阀和压力阀组合成单向节流阀、延时阀和单向压力阀，广泛用于调速控制、延时控制和顺序控制系统中。

单向阀选用的主要参数为最低动作压力（阀前后压力差）、阀关闭压力及流量特性等。

（2）梭阀（或门阀）。

如图 6-20 所示，梭阀是两个单向阀反向串联的组合阀，有两个输入口和一个输出口。当通路 P_1 进气时，将阀芯推向右边，通路 P_2 被关闭，于是气流从 P_1 进入通路 A，如图 6-20（a）所示；反之，气流从 P_2 进入 A，如图 6-20（b）所示；当 P_1、P_2 同时进气时，哪端压力高，A 就与哪端相通，另一端就自动关闭。图 6-20（c）所示为梭阀的图形符号。

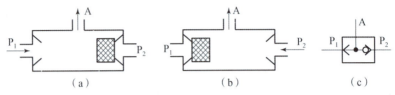

图 6-20　梭阀的工作原理图及图形符号

梭阀在气动系统中多用于控制回路，特别是在逻辑回路中，起逻辑或的作用，故又称或门阀，有时也用在执行回路中。图 6-21 所示为梭阀在手动-自动回路中的应用。该回路中，梭阀使电磁阀和手动阀均可单独操作气缸的动作。

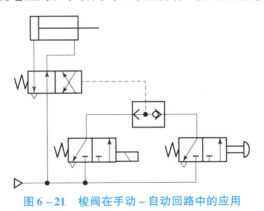

图 6-21　梭阀在手动-自动回路中的应用

（3）双压阀（与门阀）。

如图 6-22 所示，双压阀有两个输入口和一个输出口，只有当 P_1、P_2 口同时有输入时，A 口才有输出。它实际上是一个二输入自控关断式二位三通阀。

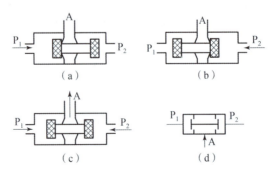

图 6-22　双压阀的工作原理图和图形符号

（a），（b），（c）工作原理图；（d）图形符号在气动系统中，双压阀主要用于控制回路，对两个控制信号进行互锁，起逻辑与的作用，故又称与门阀。图6-23所示为双压阀在互锁回路中的应用。只有当工件的定位信号1和夹紧信号2同时存在时，即单向阀1和单向阀2同时被压下时，双压阀3才有输出，使换向阀4换向，从而使气缸5进给。

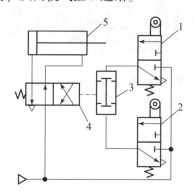

图6-23　双压阀在互锁回路中的应用

1—定位信号；2—夹紧信号；3—双压阀；4—换向阀；5—气缸

（4）快速排气阀。

通常气缸排气时，气体从气缸经过管路，再由换向阀的排气口排出。如果从气缸到换向阀的距离较长，而换向阀的排气口又较小，则排气时间较长，气缸运动速度较慢。此时，若采用快速排气阀，则气缸内的气体就能直接由快速排气阀排向大气，从而加快气缸的运动速度。快速排气阀的结构图、工作原理如图6-24所示，当P口进气后，膜片关闭排气口O，P、A通路导通，A口有输出（见图6-24（b））；当P口无气时，输出管路中的压力空气经A口使膜片将P口封住，A、O接通，A腔气体快速排向大气中（见图6-24（c））。

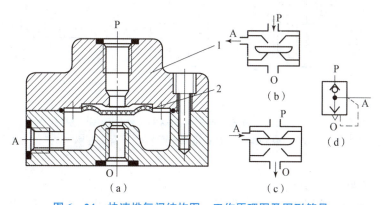

图6-24　快速排气阀结构图、工作原理图及图形符号

（a）结构图；（b）、（c）工作原理图；（d）图形符号

1—阀体；2—膜片

在气动系统中，常将快速排气阀安装在气缸和换向阀之间，并尽量靠近气缸排气口，或直接拧在气缸排气口上，使气缸快速排气，以提高气缸的工作效率。图6-25所示为应用快速排气阀使气缸往复运动加速的回路。该回路中，气缸往复运动都直接通过快速排气阀排气，而不通过换向阀。

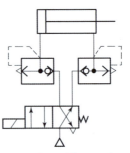

图 6-25　应用快速排气阀使气缸往复运动加速的回路

2. 换向阀

换向阀按阀芯结构不同可分为截止式换向阀、滑柱式换向阀、滑块式换向阀和旋塞式换向阀等，其他分类方法与液压阀相似。下面按控制方式分类介绍换向阀。

（1）电磁换向阀。

电磁换向阀利用电磁力使阀芯换向，它由电磁控制部分和换向阀两部分组成。按对阀芯施力方式不同可分为直动式电磁换向阀和先导式电磁换向阀两种。

1）直动式电磁换向阀。

如图 6-26 所示，直动式电磁换向阀阀芯换向由电磁铁铁芯直接推动（或拖动），换向灵敏、动作频率高（可达 500 次/min 以上）。但该阀对主阀阀芯行程要求严格，应使阀芯行程与电磁铁吸合行程一致。一旦换向失灵，易烧坏电磁线圈。

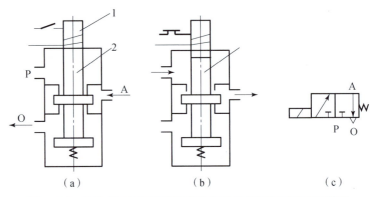

图 6-26　直动式二位三通电磁换向阀的工作原理图及图形符号
（a）电磁铁断电；（b）电磁铁通电；（c）图形符号
1—电磁铁；2—阀芯

2）先导式电磁换向阀。

直动式电磁换向阀由电磁铁铁芯直接推动阀芯移动，因此当阀直径较大时，用直动式电磁换向阀所需的电磁铁体积和电力消耗都必然加大，为克服此弱点可采用先导式电磁换向阀。

先导式电磁换向阀是由电磁铁首先控制气路，产生先导压力，再由先导压力推动主阀阀芯，使其换向。

图 6-27 所示为双电控先导式电磁换向阀的工作原理图及图形符号。当先导式电磁换向阀 1 的线圈通电，而先导式电磁换向阀 2 断电时（见图 6-27（a）），由于主

阀 3 的 K_1 腔进气，K_2 腔排气，因此主阀阀芯向右移动。此时 P 与 A、B 与 O_2 相通，A 口进气、B 口排气。当先导式电磁换向阀 2 通电，而先导式电磁换向阀 1 断电时（见图 6-27（b）），主阀的 K_2 腔进气，K_1 腔排气，主阀阀芯向左移动。此时 P 与 B、A 与 O_1 相通，B 口进气、A 口排气。

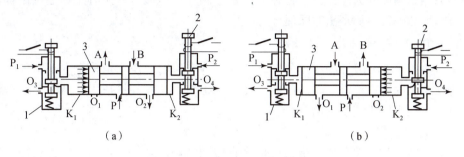

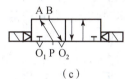

图 6-27　双电控先导式电磁换向阀的工作原理图及图形符号
（a）先导式电磁换向阀 1 通电、先导式电磁换向阀 2 断电时状态；
（b）先导式电磁换向阀 2 通电、先导式电磁换向阀 1 断电时状态；（c）图形符号
1，2—先导式电磁换向阀；3—主阀

双电控先导式电磁换向阀具有记忆功能，即通电换向，断电保持原状态。为保证主阀正常工作，两个先导式电磁换向阀不能同时通电，因此电路中要考虑互锁装置。

为了能从外部辨别电磁换向阀是否通电，可在每个电磁线圈上安装指示灯，若通电，则灯亮。交流电多用氖灯，直流电多用发光二极管。

电磁线圈使用直流电源时有以下特点：控制可靠，过载能力大，换向冲击小，启动力小，在潮湿环境下工作被击穿的可能性小，常用控制电压为 12 V、24 V。电磁线圈使用交流电源时换向时间短，启动力大，但用在直动式电磁换向阀时，如遇到铁芯控制失灵，则易烧坏线圈，并且换向冲击大，常用控制电压为 220 V、110 V。

先导式电磁换向阀便于实现电、气联合控制，较直动式电磁阀动作频率低（一般不超过 300 次/min），应用广泛。

（2）气动换向阀。

气动换向阀是利用气体压力控制阀芯换向，从而改变气流方向。它比电磁换向阀使用寿命长，可与先导式电磁换向阀组成电控电气换向阀。按气体作用原理气动换向阀可分为加压控制和卸压控制两种。

加压控制就是控制换向阀的气体压力是递增的，当气压增加到阀芯的动作压力时，主阀阀芯便换向。卸压控制刚好相反，当气压减小到阀芯的动作压力时，主阀阀芯换向。加压控制多用于结构对称的滑柱式换向阀中，作为记忆元件控制用，须具有两个控制信号。卸压控制在二位阀、气对中三位阀等阀中有少量应用。

（3）机动换向阀、手动换向阀。

机动换向阀和手动换向阀的工作原理和图形符号与液压阀类似。

选用换向阀时要根据换向阀的技术性能指标，结合实际使用场合的要求，确定其具体型号，应尽量选用标准件。

二、压力控制阀

压力控制阀可分为减压阀、溢流阀、顺序阀和增压阀等。所有压力控制阀都是利用空气压力和弹簧力相平衡的原理来工作的。

1. 减压阀

减压阀用来调节或控制气压的变化，并保持降压后的压力值稳定在需要的压力值上，确保系统的压力稳定。减压阀的分类方法很多，减压阀按压力调节方式可分为直动式减压阀和先导式减压阀两大类。

（1）直动式减压阀。

直动式减压阀利用手柄、旋钮或机械直接调节调压弹簧，把力直接加在减压阀上来改变减压阀的输出压力。图 6 – 28 所示为应用最广的一种普通型直动式减压阀，其工作原理是顺时针方向旋转旋转手柄（或旋钮）1，驱动调压弹簧 2、3 推动膜片 5 下移，膜片又推动阀芯 8 下移，使进气阀口 10 被打开，气流通过进气阀口的节流减压作用后压力降低为 p_2。与此同时，有一部分输出气流经阻尼管 7 进入膜片气室，在膜片上产生向上的推力，这个力总是企图把进气阀口关小，使出口压力下降，这样的作用称为负反馈。当作用在膜片上的反馈力与弹簧力相平衡时，进气阀口开度恒定，减压阀便有稳定的压力输出。

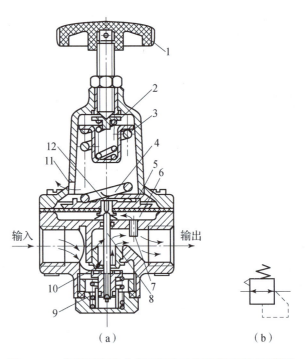

图 6 – 28 普通型直动式减压阀的工作原理图及图形符号

（a）工作原理图；（b）图形符号

1—旋转手柄；2、3—调压弹簧；4—溢流阀座；5—膜片；6—膜片气室；7—阻尼管；8—阀芯；

9—复位弹簧；10—进气阀口；11—排气孔；12—溢流孔

当减压阀的输出负载发生变化，如流量增大时，流过阻尼管处的流速增加，压力降低，进气阀口进一步被打开，使出口压力恢复到接近原来的稳定值。阻尼管的作用是当负载突然变化或变化不定时，对输出的压力波动有阻尼作用，因此，称为阻尼管。

当减压阀的进口压力发生变化时，出口压力由阻尼管进入膜片气室，使原有的力平衡状态破坏，从而改变膜片和阀芯的位移、进气阀口的开度及溢流孔 12 的溢流作用以达到新的平衡，保持其出口压力不变。

逆时针旋转旋转手柄 1 时，调压弹簧 2、3 放松，气压作用在膜片 5 上的反馈力大于弹簧力，膜片向上弯曲，此时阀芯 8 顶端与溢流阀座 4 脱开，气流经溢流孔 12 从排气孔 11 排出，在复位弹簧 9 的作用下，阀芯 8 上移，减小进气阀口的开度直至关闭，从而使出口压力逐渐降低直至回到零位状态。

由上所述可知，直动式减压阀的工作原理是靠进气阀阀芯处节流作用减压，靠膜片上力的平衡作用和溢流孔的溢流作用稳定输出压力。调节旋转手柄可使输出压力在规定的范围内任意调节。

（2）先导式减压阀。

先导式减压阀是采用调整加压腔内压缩空气的压力来代替直动式调节弹簧进行调压的，加压腔内压缩空气的调节一般采用一小型直动式减压阀进行。先导式减压阀一般由先导阀和主阀两部分组成，其工作原理与直动式减压阀基本相同。如把小型直动式减压阀装在主阀内部，则构成内部先导式减压阀；如把小型直动式减压阀装在主阀外部，则称为外部先导式减压阀。图 6-29 所示为外部先导式减压阀主阀的结构图。

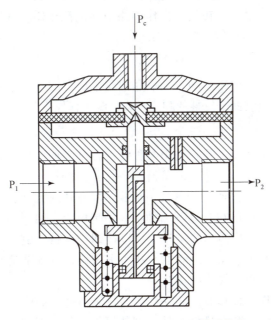

图 6-29　外部先导式减压阀主阀的结构图

在气动系统中，减压阀一般安装在空气过滤器之后、油雾器之前。实际生产中，常把这三个元件组合在一起使用，称为气源三联件，如图 6-30 所示。

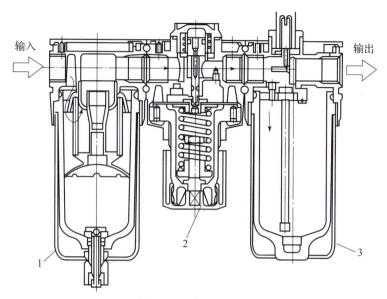

图 6 – 30   气源三联件

1—空气过滤器；2—减压阀；3—油雾器

2. 溢流阀

溢流阀的作用是当压力上升到超过设定值时，把超过设定值的压缩空气排入大气，以保持溢流阀进口压力为设定值。因此，溢流阀也称安全阀。溢流阀除安装在储气罐上起安全保护作用外，也可装在气缸操作回路中起溢流作用。其工作原理与液压溢流阀相同。

3. 顺序阀

顺序阀本身是一个二位二通阀，是依靠回路中压力的变化来控制各种顺序动作的压力控制阀，常用来控制两个气缸的顺序动作，其工作原理与液压顺序阀相同。

三、流量阀

从流体力学的角度来看，凡是利用某种装置在气动回路中造成一种局部阻力，并通过改变局部阻力的大小，来达到调节流量变化目的的控制方法，就是流量控制。流量阀（简称流量阀）是通过改变阀的通流面积来实现流量控制，达到控制气缸等执行元件运动速度的元件。流量阀有以下两种：一种是设置在回路中，以控制所通过的空气流量；另一种是连接在换向阀的排气口，以控制排气量。属于前者的有节流阀、单向节流阀、行程节流阀等，属于后者的有排气节流阀。气动节流阀的工作原理与液压节流阀相同，下面仅介绍排气节流阀。

排气节流阀的工作原理和节流阀一样，通过调节通流截面的面积来改变通过阀的流量。排气节流阀只能安装在排气口处，调节排入大气的气流流量，从而改变气动执行机构的运动速度。图 6 – 31 所示为带有消声器的排气节流阀，其原理是靠调节三角形沟槽部分开启面积的大小来调节排气流量，从而调节执行元件的运动速度，同时还能起到降低排气噪声的作用。

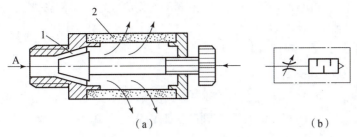

图 6-31　带有消声器的排气节流阀

(a) 工作原理图；(b) 图形符号

1—节流口；2—消声套

拓展知识　气动逻辑元件认知

气动逻辑元件是一种控制元件。从结构上看，与方向控制阀相比，两者没有本质上的区别，所不同的是方向控制阀的输出功率大、尺寸大。气动逻辑元件是在控制气压信号的作用下，通过元件内部的可动部分（如膜片、阀芯等）来改变气流运动方向，从而实现各种逻辑功能。逻辑元件也称开关元件。气动逻辑元件具有气流通道孔径较大、抗污染能力强、结构简单、成本低、使用寿命长、响应速度慢等特点。气动逻辑元件按工作压力可分为高压元件（0.2~0.8 MPa）、低压元件（0.02~0.2 MPa）及微压元件（0.02 MPa 以下）。

气动逻辑元件按逻辑功能分为与门元件、或门元件、非门元件、或非元件、与非元件、双稳元件、延时元件等，常见的结构形式有滑阀式、截止式、膜片式等。它们之间的不同组合可完成不同的逻辑功能。

一、是门和与门元件

如图 6-32 (a) 所示，A 为信号输入孔，S 为信号输出孔，中间孔接气源 P 时为是门元件。在 A 输入孔无信号时，阀芯 2 在弹簧及气源压力的作用下处于图 6-32 所示位置，封住 P、S 之间的通道，S 无输出。在 A 有输入信号时，膜片 1 在输入信号的作用下将阀芯推动下移，封住输出孔 S 与排气孔间通道并使 P、S 之间相通，S 有输出。也就是说，无输入信号时无输出，有输入信号时就有输出，元件的输入信号和输出信号始终保持相同状态。

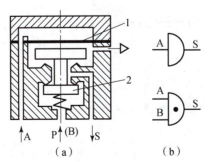

图 6-32　是门和与门元件的结构原理图及图形符号

(a) 结构原理图；(b) 图形符号

1—膜片；2—阀芯

若中间孔不接气源而换接另一输入信号 B，则成为与门元件，即当 A 有输入信号、B 无输入信号，或 B 有输入信号、A 无输入信号时，输出孔 S 均无输出。只有当 A 与 B 同时有输入信号时，S 才有输出。

二、或门元件

图 6－33 所示为或门元件的结构原理图及图形符号，其中 A、B 为信号输入孔，S 为信号输出孔。当 A 有输入信号时，阀芯 a 因输入信号作用，下移封住 B 信号孔，气流经 S 输出。当 B 有输入信号时，阀芯 a 在 B 信号的作用下向上移，封住 A 信号孔，S 也会有输出。当 A、B 均有输入信号时，阀芯 a 在两个信号的作用下或上移、或下移、或保持在中位，但无论阀芯处在任一状态，S 均会有输出信号。也就是说，在 A 或 B 两个信号输入孔中，只要一个有信号或同时有信号，S 均有输出信号。因此 S 与 A、B 呈现逻辑或的关系。

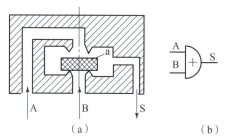

图 6－33　或门元件的结构原理图及图形符号
（a）结构原理图；（b）图形符号

三、非门和禁门元件

图 6－34 所示为非门和禁门元件的结构原理图及图形符号，其中 A 为信号输入孔，S 为信号输出孔，中间孔接气源 P 时为非门元件。当 A 无信号输入时，阀片在气源压力的作用下上移，封住输出孔 S 与排气孔间的通道，S 有输出；当 A 有输入信号时，膜片在输入信号的作用下，推动活塞下移，阀片下移封住气源 P，S 无输出。也就是说，一旦 A 有输入信号出现，输出孔即为非，没有输出。

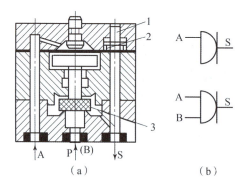

图 6－34　非门和禁门元件的结构原理图及图形符号
（a）结构原理图；（b）图形符号
1—活塞；2—膜片；3—阀片

若中间孔不接气源P，而改接另一输入信号B，则元件即为禁门元件。由图6-34（a）可看出，在A、B均输入信号时，活塞及阀片在A输入信号的作用下封住B孔，S无输出；在A无输入信号，B有输入信号时，S就有输出。也就是说，A输入信号对B输入信号起"禁止"作用。

四、或非元件

或非元件是一种多功能的逻辑元件，应用这种元件可以组成或门、与门和双稳等各种单元。图6-35所示为三输入或非元件的结构原理图及图形符号。这种或非元件是在非门元件的基础上另外增加了两个信号输入端，即A、B、C三个信号输入端，P为气源，S为输出端。三个信号膜片不是刚性连接在一起，而是处于"自由状态"，即彼此之间可以相互分开。当所有的输入端A、B、C都无输入信号时，输出端S就有输出。若三个输入端的任一个或某两个或三个有输入信号，则相应的膜片在输入信号压力的作用下，通过阀柱依次将力传递到阀芯上，同样能切断气源，S无输出。也就是说，三个输入端（所有输入端）的作用是等同的，这三个输入端，只要有一个输入信号出现，输出端就没有输出信号，即完成了或非逻辑关系。

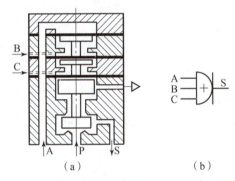

图6-35 三输入或非元件的结构原理图及图形符号

（a）结构原理图；（b）图形符号

五、延时元件

延时元件（如延时阀）具有延迟发出气动信号的功能。在不允许使用时间继电器（电控）的场合（如易燃、易爆等），用气动时间控制具有安全、可靠的优越性。延时阀是一种组合阀，一般由二位三通换向阀、单向可调节流阀和气室组成。延时阀有常开式和常闭式两种，时间调节范围为0~30 s。其工作原理是通过调节节流阀开度，将气室内的压缩空气缓慢释放来控制时间（参见本项目任务二子任务一气动基本回路中的延时回路）。

任务小结

（1）空压机是气动系统的动力源，它是把电动机输出的机械能转换成压缩空气的压力能的能量转换装置。

（2）气动辅助元件包括后冷却器、储气罐、过滤器、干燥器、消声器和油雾器等元件。

（3）气缸可分为普通气缸、摆动气缸、膜片气缸、冲击气缸、气液阻尼缸等。在气动设备设计及设备更新改造时，首先应选择标准化气缸，其次才考虑自行设计。

（4）气动马达按工作原理分为容积式气动马达和涡轮式气动马达两大类。在气动系统中使用最广泛的是容积式气动马达中的叶片式气动马达和活塞式气动马达。

（5）气动控制阀按其作用可分为方向控制阀、压力控制阀和流量阀三大类。

（6）在气动系统中，常将快速排气阀安装在气缸和换向阀之间，并尽量靠近气缸排气口，或直接拧在气缸排气口上，使气缸快速排气，以提高气缸的工作效率。

（7）在气动系统中，减压阀一般安装在空气过滤器之后，油雾器之前。实际生产中，常把这三个元件组合在一起使用，称为气源三联件。

（8）气动逻辑元件是一种控制元件，按逻辑功能分为与门元件、或门元件、非门元件、或非元件、与非元件、双稳元件、延时元件等。

 气动基本回路搭建

1. 知识目标

（1）了解气动系统的工作原理。

（2）熟悉气动系统方向控制回路、压力控制回路、速度控制回路的工作原理。

2. 技能目标

（1）能够绘制气动系统方向控制回路、压力控制回路、速度控制回路、往复运动回路、真空回路、气液联动回路、延时回路、安全保护回路。

（2）能够分析气动夹紧系统、拉门自动开闭系统、连续输送机气动系统、气动计量系统工作过程。

3. 素质目标

（1）具备良好的沟通能力和表达能力。

（2）具备查询气动元件手册的基本能力。

（3）具有与他人密切合作，规范安全地完成学习活动的能力。

任务描述

在现代工业中，气动系统为了实现所需的功能有着各不相同的构成形式，但无论多么复杂的系统都是由一些基本的控制回路组成的。本任务主要介绍方向控制回路、压力控制回路、速度控制回路、往复运动回路、真空回路、气液联动回路、延时回路、安全保护回路等气动基本回路。在熟悉了基本回路的基础上，通过对气动夹紧系统、拉门自动开闭系统、连续输送机气动系统、气动计量系统等典型的气动系统进行实例分析，使学生进一步加深对气动基本回路的理解，从而对气动系统的工作原理、特点和应用有较全面和深刻的认识。

学习笔记

子任务一　气动基本回路

任务引入

与液压基本回路一样，气动基本回路也是构成气动系统的组成部分，任何复杂的气动系统，都是由一些简单的气动基本回路构成的，因此，掌握气动基本回路的组成、工作性质和回路功能，对于分析和设计气动系统具有十分重要的意义。

任务分析

气动基本回路是组成一个功能完整的气动系统的主要单元，根据工作原理和功能不同，气动基本回路可分为方向控制回路、压力控制回路、速度控制回路、往复运动回路、真空回路、气液联动回路、延时回路、安全保护回路等，通过本子任务的学习和训练，学生应掌握典型气动基本回路的类型、组成和功能，以及其工作原理和使用特点。

任务实施

典型气动
回路认知
微课

一、方向控制回路

1. 单作用气缸的换向回路

单作用气缸通常采用二位三通换向阀来实现方向控制，如图 6 - 36（a）所示。

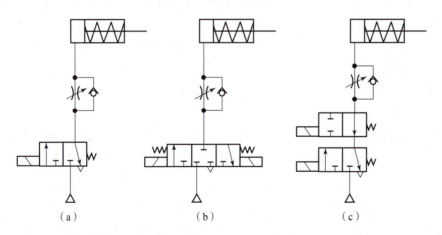

（a）　　　　　（b）　　　　　（c）

图 6 - 36　单作用气缸的换向回路

当电磁铁通电时，气压使活塞杆伸出；当电磁铁断电时，靠弹簧作用力使活塞杆退回，该回路比较简单，但对气缸驱动部件要求较高，须保证气缸活塞杆能可靠返回。图 6 - 36（b）所示为三位三通电磁换向阀控制的单作用气缸可实现进、退和停止的换

向回路。图6-36（c）所示为用一个二位二通电磁换向阀和一个二位三通电磁换向阀代替图6-36（b）中三位三通电磁换向阀的换向回路。

2. 双作用气缸的换向回路

图6-37所示为双作用气缸的换向回路。

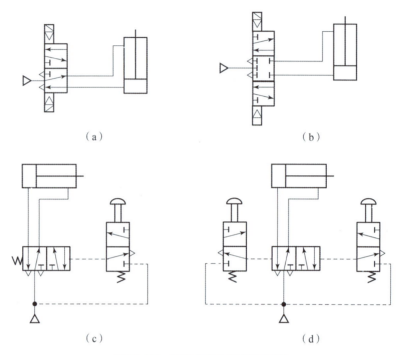

（a）　　　　　　　　　　　　（b）

（c）　　　　　　　　　　　　（d）

图6-37　双作用气缸的换向回路

图6-37（a）所示为二位五通电磁换向阀控制的换向回路；图6-37（b）所示为三位五通电磁换向阀控制双作用气缸换向，并有中位停止的回路，要求元件密封性好，可用于定位要求不高的场合；图6-37（c）所示为小直径的手动阀控制二位五通主阀操作双作用气缸换向的回路；图6-37（d）所示为两个小直径的手动阀与二位五通主阀控制双作用气缸换向的回路。

二、压力控制回路

对系统压力进行调节和控制的回路称为压力控制回路。压力控制回路是使气动系统中有关回路的压力保持在一定的范围内，或者根据需要使回路得到高低不同的气体压力的基本回路。

1. 一次压力控制回路

一次压力控制回路是指把空压机的输出压力控制在一定值以下的回路。一般情况下，空压机的出口压力为0.8 MPa左右，并设置储气罐，储气罐上装有压力表、安全阀等。气源的选取可根据使用单位的具体条件，采用压缩空气站集中供气或小型空压机单独供气，只要它们的储量能够与用气系统压缩空气的消耗量相匹配即可。当空压机的容量选定以后，在正常向系统供气时，储气罐中的压缩空气压力由压力表显示，其值一般低于安全阀的调定值，因此，安全阀通常处于关闭状态。当系统用气量明显减少，储气罐中的压缩空气过量，而使压力升高到超过安全阀的调定值时，安全阀自动开启溢流，使储气罐中的压力迅速下降；当储气罐中的压力降至安全阀的调定值以下时，安全阀自动关闭，使储气罐中的压力保持在规定范围内。可见，安全阀的调定值要适当。若调得过高，则系统不够安全，压力损失和泄漏也要增加；若调得过低，则会使安全阀频繁开启溢流而消耗能量。安全阀压力的调定值，一般可根据气动系统工作压力的范围，调整在 0.7 MPa 左右。如图 6-38 所示，常采用外控式溢流阀 1 来控制储气罐的压力，也可用电触点压力表 2 代替外控溢流阀 1 来控制空压机电动机的启、停。此回路结构简单、工作可靠。

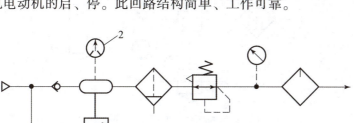

图 6-38　一次压力控制回路
1—外控式溢流阀；2—电触点压力表

2. 二次压力控制回路

二次压力控制回路是指每台气动设备气源进口处的压力调节回路。二次压力控制是指把空压机输送来的压缩空气，经一次压力控制后得到的压力 p_1 作为减压阀的输入压力，再将其经减压阀减压、稳压后得到输出压力 p_2（称为二次压力），并使 p_2 作为气动控制系统的工作气压。可见，气源的供气压力 p_1 应高于二次压力 p_2 所需的调定值。在选用图 6-39 所示的回路时，可以用三个分离元件（即空气过滤器、减压阀和油雾器）组合而成，也可以采用气源三联件的组合件。在组合时三个元件的相对位置不能改变。若控制系统不需要加油雾器，则省去油雾器或在油雾器之前用三通接头引出支路即可。

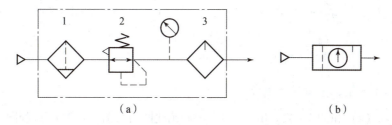

（a）　　　　　　　　　（b）

图 6-39　二次压力控制回路及图形符号
（a）二次压力控制回路；（b）图形符号
1—空气过滤器；2—减压阀；3—油雾器

3. 高、低压选择回路

图 6-40 所示为利用减压阀控制的高、低压选择回路。在实际应用中，某些气

动控制系统需要有高、低压力的选择。例如，加工塑料门窗的三点焊机的气动控制系统中，用于控制工作台移动的回路，其工作压力为 0.25 ~ 0.3 MPa，而用于控制其他执行元件的回路，其工作压力为 0.5 ~ 0.6 MPa。对于这种情况若采用调节减压阀的办法来解决，则会十分麻烦。因此，可采用图 6 - 40 所示，回路，该回路只要分别调节两个减压阀，就能得到所需的高压和低压的输出。该回路适用于负载差别较大的场合。

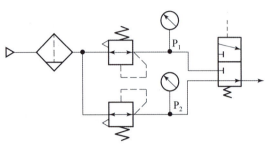

图 6 - 40　利用减压阀控制的高、低压选择回路

三、速度控制回路

速度控制回路主要用于调节气缸的运动速度或实现气缸的缓冲等。对于气动系统来说，一般其承受的负载较小，故调速方式主要采用节流调速。下面介绍几种常用的速度控制回路。

1. 单作用气缸的速度控制回路

图 6 - 41 （a） 所示为采用两个单向节流阀的速度控制回路，活塞两个方向的运动速度分别由两个单向节流阀来调节；在图 6 - 41 （b） 所示的回路中，气缸活塞杆伸出时的速度可调，缩回时则通过快速排气阀排气，使气缸快速返回。

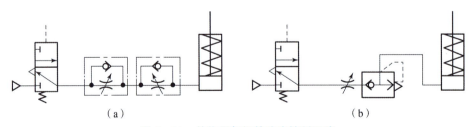

（a）　　　　　　　　　　　　　　　　　　（b）

图 6 - 41　单作用气缸的速度控制回路

2. 双作用气缸的速度控制回路

图 6 - 42 （a） 和图 6 - 42 （b） 所示为单向调速回路，图 6 - 42 （c） 和图 6 - 42 （d）所示为双向调速回路。其中，图 6 - 42 （a） 和图 6 - 42 （c） 为进口节流调速回路，该回路承载能力大，但不能承受负负载，运动平稳性较差，因此适用于对速度稳定性要求不高的场合；图 6 - 42 （b） 和图 6 - 42 （d） 为出口节流调速回路，该回路可承受一定的负负载，运动平稳性较好。

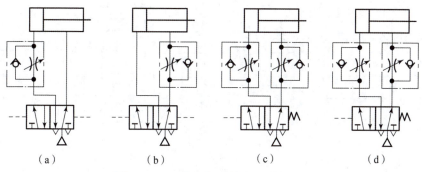

（a）　　　　　　（b）　　　　　　（c）　　　　　　（d）

图 6-42　双作用气缸的速度控制回路

3. 缓冲回路

对于气缸行程较长、速度较快的应用场合，除考虑气缸的终端缓冲外，还可以通过回路来实现缓冲。图 6-43 所示为用单向节流阀与二位二通行程阀配合使用的缓冲回路。当换向阀处于左位时，气缸无杆腔进气，活塞杆快速伸出，此时，有杆腔的空气经二位二通行程阀、换向阀排气口排出。当活塞杆伸出至活塞杆上的行程挡铁压下二位二通行程阀时，二位二通行程阀的快速排气通道被切断，此时，有杆腔的空气只能经单向节流阀和换向阀的排气口排出，使活塞的运动速度由快速转为慢速，从而达到缓冲的目的。

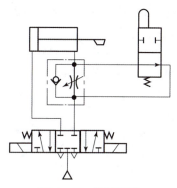

图 6-43　缓冲回路

四、往复运动回路

1. 单缸单往复运动回路

单缸单往复运动回路是指输入信号后，气缸实现前进、后退各一次的往复运动回路，如图 6-44 所示。图 6-44（a）所示为由行程阀控制的单缸单往复运动回路，其工作原理为按下启动阀 1 的手动按钮后，主控换向阀 2 换位，主控换向阀的左位工作，活塞杆伸出；当挡块压下行程阀 3 后，行程阀上位工作，主控换向阀复位，活塞杆缩回至原位停止，一次往复运动循环完成。

图 6-44（b）所示回路的工作原理与图 6-44（a）所示回路的工作原理基本相同，但是在前者的基础上又增加了延时功能。当挡块压下行程阀 3 时，压缩空气经单向节流阀 5 向气室 4 充气，经过一段时间后，气体压力升高到足以推动主控换向阀 2 换

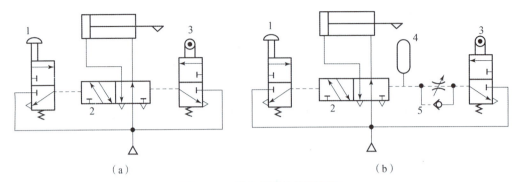

（a） （b）

图 6 - 44 单缸单往复运动回路

1—启动阀；2—主控换向阀；3—行程阀；4—气室；5—单向节流阀

向时，才使主控换向阀复位，这样就使活塞杆伸出至行程终点后，要延长一段时间才能返回。

2. 双缸单往复运动回路

图 6 - 45 所示为双缸单往复运动回路。其中 A、B 两缸实现的动作顺序是：A 进→B 进→B 退→A 退（即 $A_1 \rightarrow B_1 \rightarrow B_0 \rightarrow A_0$），其原理如下。在图 6 - 45 所示位置，两缸均处于左端。当按下左上角的二位三通手动阀使其处于上位时，控制空气使上面的二位五通双气控换向阀 5 处于左位，使压缩空气进入缸 A 左腔，缸 A 活塞向前运动，完成动作 A_1；当缸 A 向右运动，并松开二位三通行程阀 1 后，二位三通行程阀 1 在弹簧力的作用下复位，二位五通双气控换向阀 5 左侧的控制空气排到大气中，但该换向阀仍处于左位（二位五通双气控换向阀 5 具有双稳功能），缸 A 继续向前运动，直至缸 A 活塞杆压下右侧的二位五通行程阀 3，使下面的二位五通单气控换向阀 6 也换至左位，这时缸 B 左腔也进入压缩空气，其活塞也向右运动，实现动作 B_1（此时缸 B 松开

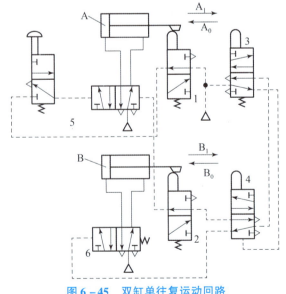

图 6 - 45 双缸单往复运动回路

1，2—二位三通行程阀；3，4—二位五通行程阀；5—二位五通双气控换向阀；6—二位五通单气控换向阀

下面的二位三通行程阀 2，使其在弹簧力的作用下复位）；当缸 B 向右运动到压下右下角的二位五通行程阀 4 时，二位五通单气控换向阀 6 复位到右位，这时压缩空气进入缸 B 右腔，使缸 B 活塞向左退回，实现动作顺序 B_0；当缸 B 退回到原位并再次压下二位三通行程阀 2 时，二位五通双气控换向阀 5 处于右位，此时缸 A 右腔也开始进入压缩空气，使其活塞向左退回实现动作顺序 A_0。上述这些动作顺序均按预定要求设计实施。这种回路能在速度较快的情况下正常工作，主要用于气动机械手、气动钻床等自动设备。

3. 单缸连续往复运动回路

单缸连续往复运动回路的功能是在一次输入信号后，气缸即可实现连续往复运动循环，如图 6 - 46 所示。其工作原理为按下启动阀 1 的手动按钮，主控换向阀 2 左位工作，活塞杆伸出至行程终点，压下行程阀 4 后，使主控换向阀 2 右位工作，活塞杆缩回至原位；压下行程阀 3，使主控换向阀 2 再次换位，活塞杆再次伸出，从而就形成了连续的往复运动。若要结束循环，则提起启动阀 1 的手动按钮即可。

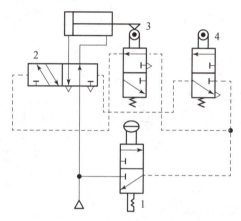

图 6 - 46　单缸连续往复运动回路
1—启动阀；2—主控换向阀；3，4—行程阀

五、真空回路

在低于大气压力下工作的元件称为真空元件，由真空元件所组成的系统称为真空系统（又称负压系统）。真空系统作为实现自动化的一种手段已广泛用于轻工、食品、印刷、医疗、塑料制品等行业，以及自动搬运和机械手等各种机械设备中，具体如玻璃的搬运、装箱；机械手抓取工件；印刷机械中的纸张检测、运输；包装机械中包装纸的吸附、送标、贴标，包装袋的开启；精密零件的输送；塑料制品的真空成型；电子产品的加工、运输、装配等各种工序作业。

真空系统的真空是依靠真空发生装置产生的。真空发生装置有真空泵和真空发生器两种。真空泵是一种吸入口形成负压、排气口直接通大气，两端压力比很大的抽除气体的机械。它主要用于连续大流量、集中使用，且不宜频繁启、停的场合。真空发生器是利用压缩空气的流动而形成一定真空度的气动元件，适用于流量不大的间歇工作和表面光滑的工件。

图 6 - 47 所示为真空吸附回路。启动手动阀向真空发生器 3 提供压缩空气即产生真空，对吸盘 2 进行抽吸，当吸盘内的真空度达到调定值时，真空顺序阀 4 打开，推动二位三通阀换向，使控制阀 5 切换，气缸 A 活塞杆缩回（吸盘吸着工件移动）。当活塞杆缩回压下行程阀 7 时，延时阀 6 动作，同时开关 1 换向，真空断开（吸盘放开工件），经过设定时间延时后，控制阀 5 换向，气缸 A 活塞杆伸出，完成一次吸放工件动作。

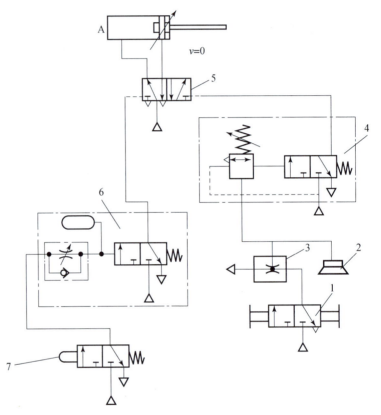

图 6 - 47　真空吸附回路

1—开关；2—吸盘；3—真空发生器；4—真空顺序阀；5—控制阀；6—延时阀；7—行程阀

六、气液联动回路

气液联动是指以气压为动力，利用气液转换器把气压传动转变为液压传动；或采用气液阻尼缸来获得更为平稳和有效控制运动速度的气压传动；或使用气液增压器使传动力增大等。气液联动回路装置简单、经济可靠。

1. 气液转换速度控制回路

图 6 - 48 所示为气液转换速度控制回路，它利用气液转换器 1、2 将气压变成液压，再利用液压油驱动液压缸 3，从而得到平稳易控制的活塞运动速度，调节节流阀的开度，就可改变活塞的运动速度。这种回路充分发挥了气动供气方便和液压速度容易控制的优点。

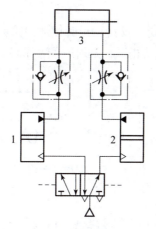

图 6-48　气液转换速度控制回路

1，2—气液转换器；3—液压缸

2. 气液增压器的增力回路

图 6-49 所示回路是利用气液增压器 1 把较低的气压力变为较高的液压力，以提高气液缸 2 输出力的增力回路。

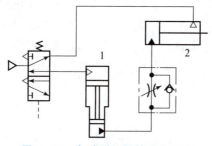

图 6-49　气液增压器的增力回路

1—气液增压器；2—气液缸

七、延时回路

1. 延时接通回路

图 6-50 所示为延时接通回路。当有信号 K 输入时，阀 A 换向，此时气源经节流阀缓慢向气容 C 充气，经一段时间 t 延时后，气容内压力升高到预定值，使主阀 B 换向，气缸开始右行；当信号 K 消失后，气容 C 中的气体可经单向阀迅速排出，主阀 B 立即复位，气缸返回。

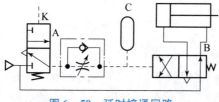

图 6-50　延时接通回路

2. 延时断开回路

如将图 6－50 中的单向节流阀反接，延时接通回路就改为延时断开回路，如图 6－51 所示，其作用正好与上述回路相反，延时时间由节流阀调节。

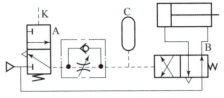

图 6－51　延时断开回路

八、安全保护回路

由于气动系统负荷过载、气压突然降低，以及气动执行机构快速动作等可能危及操作人员或设备的安全，因此，在气动回路中，常常要用到安全保护回路。

1. 过载保护回路

过载保护回路是当活塞杆在伸出途中，当遇到偶然障碍或其他原因使气缸过载时，活塞就立即缩回，实现过载保护的回路。图 6－52 所示过载保护回路的工作原理是在活塞伸出过程中，若遇到障碍物 6，则无杆腔压力升高，打开顺序阀 3，使气动二位二通换向阀 2 换向而处于上位，二位四通换向阀 4 左端的控制空气经气动二位二通换向阀 2 排入大气，二位四通换向阀 4 随即复位，活塞立即退回；若无障碍物 6，则气缸向前运动到压下机动二位二通换向阀 5 后，二位四通换向阀 4 左端的控制空气经机动二位二通换向阀 5 排入大气，二位四通换向阀 4 复位，活塞即刻返回。

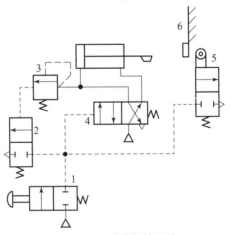

图 6－52　过载保护回路

1—手动二位二通换向阀；2—气动二位二通换向阀；3—顺序阀；4—二位四通换向阀；

5—机动二位二通换向阀；6—障碍物

2. 互锁回路

图 6－53（a）所示为单缸互锁回路。在该回路中，主控阀（二位四通换向阀）的换向受三个串联的机动二位三通阀控制，只有三个机动二位三通阀都接通，主控阀才能换向，活塞杆才能向前伸出。

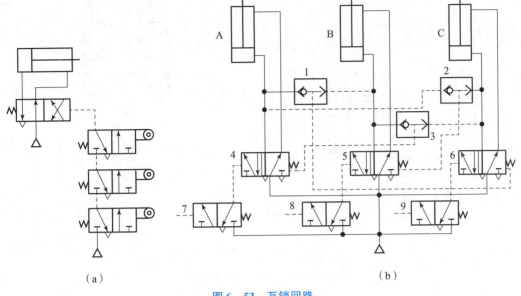

（a） （b）

图 6-53 互锁回路

1，2，3—梭阀；4，5，6—双气控换向阀；7，8，9—换向阀

图 6-53（b）所示为多缸动作互锁回路。此回路能保证工作中各缸不能同时动作，只能有一个气缸运动。回路利用梭阀 1、2、3 及双气控换向阀 4、5、6 进行互锁。例如，换向阀 7 被切换时，双气控换向阀 4 也换向，使缸 A 活塞杆伸出。同时，缸 A 进气管路的气体使梭阀 1、2 动作，锁住双气控换向阀 5、6，因此即使换向阀 8、9 有信号，缸 B、C 也不会动作。如要使其他缸动作，则必须在前缸的双气控换向阀复位后才能进行，从而达到互锁的目的。

3. 双手操作安全回路

双手操作安全回路是指使用两个启动用的手动阀，只有同时按下这两个阀，执行元件才能动作的回路。这种回路在锻造、冲压机械上用来避免误动作，以保护操作人员的安全。

如图 6-54（a）所示，手动阀 1 和手动阀 2 之间是逻辑与关系，当只按下其中一个手动阀时，主控阀 3 不能换向；只有两手同时按下手动阀 1 和手动阀 2，主控阀 3 才能换向，气缸上腔才会进入压缩空气，其活塞才能下落，完成冲压。在此回路中，如果手动阀 1 或手动阀 2 的弹簧折断而不能复位，则单独按下另一个手动阀也会使气缸活塞下落，可能造成事故。因此，这种回路在实际使用过程中也不十分安全。

图 6-54（b）所示的双手操作回路克服了图 6-54（a）所示回路的缺点，增强了操作安全的可靠性。在图 6-54（b）所示位置，系统向气容 6 充气。工作时，只要手动阀 1 和手动阀 2 不同时被按下，都会使气容与大气接通而排气，使主控阀 3 无法得到换位。只有双手同时按下手动阀 1 和手动阀 2，气容 6 中的压缩空气才能经节流阀（气阻）5 延时一定时间后切换主控阀 3，压缩空气才可进入气缸上腔，使活塞向下运动。

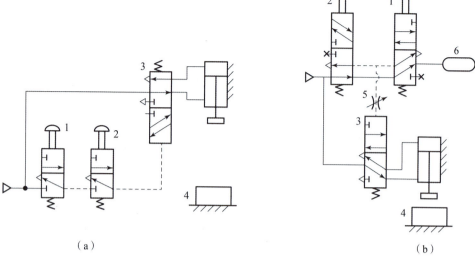

（a）   （b）

图 6 – 54　双手操作安全回路

1，2—手动阀；3—主控阀；4—工件；5—节流阀（气阻）；6—气容

子任务二　典型气动回路搭建

气压传动技术是实现工业生产自动化和半自动化的方式之一。气压传动的介质是空气，使用安全、可靠，能在高温、振动、易燃、易爆、多尘埃、强磁、辐射等恶劣环境下工作。因为其具有特殊的优势，所以在机械、电子、橡胶、纺织、化工、食品、包装、印刷和烟草等工业领域得到了广泛应用。

任务分析

气动系统和液压系统一样，也是由各种不同功能的气动基本回路组成，来实现气动设备执行机构的动作要求。本子任务通过介绍气动夹紧系统、拉门自动开闭系统、连续输送机气动系统、气动计量系统等 4 个典型气动系统，说明气动系统的构成和气动控制元件的特性，以及阅读和分析气动系统的基本方法和步骤。学生通过相关知识的学习和技能的训练，应掌握阅读和分析气动系统的步骤和方法，具备分析较复杂气动系统的能力。

任务实施

一、气动夹紧系统

图 6 –55 所示为机械加工自动线、组合机床中常用于夹紧工件的气动夹紧系统。其动作循环是当工件输送到指定位置后，垂直缸 A 的活塞杆下降将工件定位锁紧，B

和 C 的活塞杆再同时伸出，从两侧面压紧工件，实现夹紧，然后进行机械加工，最后各夹紧缸退回，松开工件。其工作原理如下。用脚踏下脚踏换向阀 1（也可采用其他形式的换向方式）后，压缩空气经脚踏换向阀 1 的左位再经单向节流阀 7 的单向阀进入缸 A 的上腔，缸 A 下腔的空气经单向节流阀 8 的节流阀再经脚踏换向阀 1 的左位排入大气，使缸 A 的活塞杆下降。当下降至将工件锁紧的位置后，行程挡铁将机动行程阀 2 压下，使其换向而处于左位，压缩空气经机动行程阀 2 的左位、单向节流阀 6 进入二位三通单气控换向阀 4 的右端（调节节流阀开度可以控制二位三通单气控换向阀 4 的延时接通时间），使二位三通单气控换向阀 4 换向。因此，压缩空气经二位三通单气控换向阀 4 右位和主控阀 3 的左位进入到两侧气缸 B 和 C 的无杆腔，使两气缸的活塞杆同时伸出而夹紧工件后，开始进行机械加工。与此同时，流过主控阀 3 的一部分压缩空气经过单向节流阀 5 的节流阀进入主控阀 3 的右端，经过一段时间（由节流阀控制，此时机械加工已完成）后主控阀 3 右位接通，两侧气缸 B 和 C 后退到原来的位置。同时，一部分压缩空气作为控制信号进入脚踏换向阀 1 的右端，使脚踏换向阀 1 右位接通，压缩空气进入缸 A 的下腔，使活塞杆退回原位。缸 A 的活塞杆上升的同时，由于机动行程阀 2 复位，使二位三通单气控换向阀 4 也复位（此时主控阀 3 右位接通），由于气缸 B、C 的无杆腔通过主控阀 3、二位三通单气控换向阀 4 排气，主控阀 3 自动复位到左位进入工作状态，完成一个工作循环。此回路只有再次踏下脚踏换向阀 1 才能开始下一个工作循环。

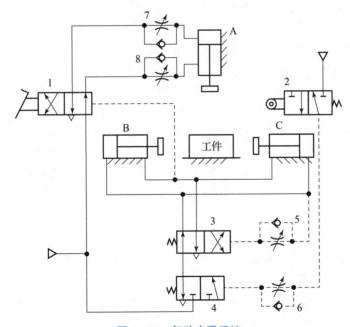

图 6-55　气动夹紧系统

1—脚踏换向阀；2—机动行程阀；3—主控阀；4—二位三通单气控换向阀；5，6，7，8—单向节流阀

二、拉门自动开闭系统

图 6-56 所示为拉门自动开闭系统。该装置是通过连杆机构将气缸活塞杆的直线运动转换成门的开闭运动，并利用超低压气动阀来检测行人的踏板动作。在拉门内、

外装内踏板 11 和外踏板 6，踏板下面装有完全密封的充气橡胶管，管的一端与超低压气动控制阀 7 和 12 的控制口连接。当人站在踏板上时，充气橡胶管被挤压，管内压力上升，超低压气动控制阀动作。

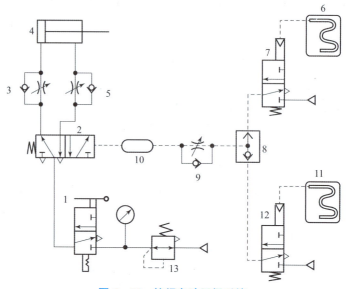

图 6-56 拉门自动开闭系统

1—手动阀；2—气动换向阀；3，9—单向节流阀；4—气缸；6—外踏板；
7，12—超低压气动控制阀；8—梭阀；10—储气罐；11—内踏板；13—减压阀

拉门自动开闭系统的工作原理如下。首先扳动手动阀 1 使其上位接入系统，压缩空气通过气动换向阀 2 左位、单向节流阀 3（单向阀）进入气缸 4 的无杆腔，将活塞杆推出（通过连杆机构将门关闭）。如果有行人从门外踏上外踏板 6，则超低压气动控制阀 7 动作（处于上位），压缩空气通过超低压气动控制阀 7、梭阀 8、单向节流阀 9（单向阀）和储气罐 10 使气动换向阀 2 换向（处于右位），压缩空气进入气缸 4 的有杆腔使活塞杆退回（门打开）；当行人离开外踏板 6 后，超低压气动控制阀 7 复位（处于下位），储气罐 10 中的空气经单向节流阀 9（节流阀）、梭阀 8 和超低压气动控制阀 7 放气，经过延时（由节流阀控制）后气动换向阀 2 复位，气缸 4 的无杆腔进气，活塞杆伸出，关闭拉门。

如果有人从门内踏上内踏板 11，则超低压气动控制阀 12 动作（处于上位），使梭阀 8 上面的通口关闭，下面的通口接通，同踏上外踏板 6 一样，使拉门打开；当人离开内踏板 11 后，拉门延时一定时间后关闭。

该回路利用逻辑或的功能，回路简单、工作可靠，行人从门的哪一边进出均可。减压阀 13 可使关门的力自由调节，十分便利。如果将手动阀 1 复位（处于下位），则可变为手动门。

三、连续输送机气动系统

连续输送机气动系统的工作原理图如图 6-57 所示。无杆气缸的滑块带动垂直气缸和真空吸盘左右移动，垂直气缸带动真空吸盘上下移动，真空吸盘通过抽吸真空后将工件（板料）吸起，或者通过真空破坏阀释放真空后将工件放下。

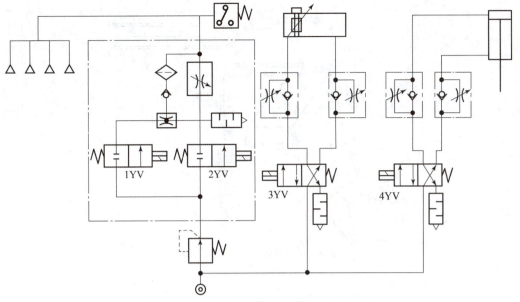

图 6 - 57　连续输送机气动系统的工作原理图

连续输送机气动系统工作循环过程如下。按启动按钮→无杆气缸右行→垂直气缸伸出→真空吸盘抽真空吸住板料→垂直气缸缩回→无杆气缸左行→真空吸盘释放真空放下板料→无杆气缸右行→重复以上动作，一直到将传送带上的板料运送完为止。

气缸运行是否到达指定位置是通过磁性开关感应气缸活塞上的磁环来实现的。如果运行没有到位，则磁性开关不发出信号，下一动作就不会进行，以避免发生事故。板料是否被真空吸盘吸住可通过真空压力开关检测，设计人员通过计算设定一个值，当真空度达到这个值后，真空开关输出信号，执行下一个动作；否则，下一个动作不执行，并检查板料未吸住的原因。

根据需要，只要改变磁性开关的位置，即可改变各个气缸的工作行程；调节单向节流阀的开度，即可改变各气缸的运动速度。真空度的大小可以通过调节减压阀的压力来实现，当减压阀压力调低时，真空吸盘真空度减小。

四、气动计量系统

在工业生产中，经常会遇到要对传送带上连续供给的颗粒状物料进行计量，并按一定的质量进行分装的工作。图 6 - 58 所示为可在输送物料过程中进行计量的气动计量装置示意图。要求当计量箱中的物料质量达到设定值时，暂停传送带上的物料供给，然后把计量好的物料卸到包装容器中。计量箱卸完料后返回到图 6 - 58 所示位置，物料再次落入计量箱中，开始下一次计量动作循环。

该计量装置的动作过程如下。首先让计量箱回到图 6 - 58 所示位置，随着物料落入计量箱中，计量箱的质量不断增加，计量缸 A 下腔内封闭的气体被慢慢压缩，活塞杆慢慢下降，当计量的质量达到设定值时，气缸 B 伸出卡住传送带，暂时停止物料的供给。然后计量缸换接高压气源使活塞杆伸出，翻转计量箱卸料，经过一段时间的延时后，计量缸缩回，为下一次计量做好准备。

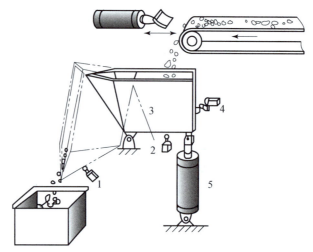

图 6 - 58   气动计量装置示意图

1、2、4—行程阀；3—计量箱；5—计量缸

1. 气动系统的工作原理

图 6 - 59 所示为气动计量系统回路，其工作原理如下。

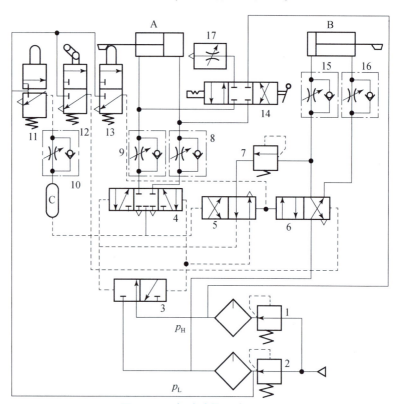

图 6 - 59   气动计量系统回路图

1、2—减压阀；3—高低压切换阀；4—三位五通换向阀；5、6—气控换向阀；7—顺序阀；

8、9、10、15、16—单向节流阀；11、13—行程阀；12—单行滚轮式行程阀；14—手动换向阀；17—节流阀从图6-59所示状态开始，随着来自传送带的被计量颗粒物落入计量箱中，计量箱的质量逐渐增加，此时计量缸 A 的三位五通换向阀 4（主控阀）处于中间位置，计量缸 A 内气体被封闭而呈现等温压缩过程，即计量缸 A 活塞杆慢慢缩回。当质量达到设定值时，压下行程阀 13（使其处于上位），控制空气经减压阀 2、行程阀 13 的上位至气控换向阀 5 的右端和气控换向阀 6 的左端，切换气控换向阀 6（使其处于左位），使止动缸 B 活塞杆向外伸出，止动块卡住输送带，暂停被计量物的供给，同时切换气控换向阀 5 至图 6-59 所示位置（处于右位）。止动缸 B 活塞杆外伸到行程终点时无杆腔内压力升高，顺序阀 7 被打开，进入止动缸 B 左腔的一路压缩空气经顺序阀 7、气控换向阀 5 的右位至高低压切换阀 3 和三位五通换阀阀 4 的左端，使两阀切换（三位五通换向阀 4、高低压切换阀 3 均处于左位），此时由减压阀 1 调定的 6×10^5 Pa 的高压空气使计量缸 A 的活塞杆向外伸出。当计量缸 A 活塞杆行至终点时，压下行程阀 11（行程阀 11 处于上位，如图 6-59 中的虚线位置所示），控制空气经减压阀 2、行程阀 11 的上位再经过由单向节流阀 10 和气容 C 组成的延时回路延时后，切换气控换向阀 5（使其处于左位），进到止动缸 B 左腔，再经顺序阀 7 和气控换向阀 5 的左位使三位五通换向阀 4 和高低压切换阀 3 换向（使两阀均处于右位）。由减压阀 2 调定的 3×10^5 Pa 的低压空气进入计量缸 A 的有杆腔，计量缸 A 的活塞杆以单向节流阀 8 中的节流阀所调节的速度缩回。当计量箱随计量 A 的活塞杆回缩而翻转到其侧面的挡块压下单行滚轮式行程阀 12 时，单行滚轮式行程阀 12 换位（处于上位），控制空气经减压阀 2、单行滚轮式行程阀 12 的上位至气控换向阀 6 的右端，切换气控换向阀 6（使其处于右位），使止动缸 B 活塞杆缩回，来自传送带上的物料再次落入计量箱中，开始下一个计量循环。

如果启动时，计量箱不在开始位置，则先切换手动换向阀 14 至左位，由减压阀 1 调节的高压气体使计量缸 A 活塞杆外伸，当计量箱上的凸块通过设置于行程中间的单行滚轮式行程阀 12 的位置后，手动换向阀 14 切换到右位，计量缸 A 活塞杆以排气阀 17 所调节的速度缩回，当计量箱侧面的凸块切换单行滚轮式行程阀 12 后，单行滚轮式行程阀 12 发出的信号使气控换向阀 6 切换至图 6-59 所示位置，使止动缸 B 活塞杆缩回，然后把手动换向阀 14 切换至中位，计量准备工作结束，即可从图 6-59 所示的状态下开始计量循环。

2. 回路特点

（1）因为止动缸安装行程阀有困难，所以采用了顺序阀控制的顺序动作回路。

（2）在整个动作过程中，计量和倾倒物料都是由计量缸 A 来完成的，所以回路采用了高低压切换回路，计量时用低压，计量结束倾倒物料时用高压。计量质量的大小可以通过调节低压减压阀 2 的调定压力或调节行程阀 13 的位置来进行调节。

（3）回路中采用了由单向节流阀 10 和气容 C 组成的延时回路。

任务三 气动程序控制系统设计与气动系统的安装和维护

学习目标

1. 知识目标

（1）了解气动程序控制系统设计过程。

（2）熟悉气动系统常见的故障现象和解决方法。

2. 技能目标

（1）能够绘制料仓系统的气动原理图和位移步骤图。

（2）能够解决气动回路常见的故障。

3. 素质目标

（1）具备良好的沟通能力和表达能力。

（2）具备查询气动元件手册的基本能力。

（3）具有与他人密切合作，规范安全地完成学习活动的能力。

任务描述

各种自动机械或自动生产线，大多是按程序工作的。程序控制就是根据生产过程的要求，使被控制的执行元件，按预先规定的顺序协调动作的一种自动控制方式。根据控制方式的不同，程序控制可分为行程程序控制、时间程序控制和混合程序控制三种，其中行程程序控制系统应用最广。本任务主要介绍气动行程程序控制系统设计及气动系统的安装和维护等方面的知识。

子任务一　气动行程程序控制系统设计

任务引入

气动设备绝大部分都是半自动或全自动控制，按预先设置的动作顺序完成规定的工作循环。其中行程程序控制是实现自动控制的一种应用最广泛的控制方式。那么行程程序控制是如何实现的，需要哪些控制元件？

任务分析

行程程序控制一般是一个闭环程序控制系统，它是在前一个执行元件动作完成并发出信号后，才允许下一个动作进行的一种自动控制方式。行程程序控制系统包括行程发信装置、执行元件、程序控制回路和动力源等部分。本子任务主要介绍气动行程程序控制设计的一般步骤和方法。学生通过本子任务的学习，应掌握气动行程程序控制系统设计的基本方法；能够按照要求设计、绘制简单的气动行程程序控制系统位移图和气动系统原理图。

 **任务实施**

一、气动行程程序系统设计过程

一般气动行程程序系统的设计可按以下步骤进行。

1. 明确系统的工作任务和设计要求

（1）运动状态的要求：直线运动的速度、行程，旋转运动的转速、转角及动作顺序等要求。

（2）输出力或力矩的要求：输出力或力矩的大小。

（3）工作环境的要求：工作场地的温度、湿度、振动、冲击、粉尘及防燃、防爆等要求。

（4）与机械、电气及液压系统配合关系的要求。

（5）控制方式的要求：如自动控制、手动控制或遥控。

（6）其他要求：如价格、外形尺寸及总体布局等要求。

2. 确定控制方案，设计气动回路

（1）根据工作要求和循环动作过程画出工作程序图，包括执行元件的数目、动作顺序、形式等。

（2）根据工作程序图画出信号 – 动作状态图，也可直接写出逻辑函数表达式。

（3）判断故障信号并排除。

（4）绘制逻辑原理图。

（5）绘制气动回路的原理图。

3. 选择和计算执行元件

（1）确定执行元件的类型和数目。一般情况下直线往复运动选用气缸，回转运动选用气动马达，往复摆动选用摆动马达。

（2）计算选择结构参数。根据系统对各执行元件操作力、运动速度和运动方向等的要求，确定缸径、活塞杆直径、行程、密封形式和安装方式。设计中要优先考虑标准化气缸。

（3）计算耗气量。

4. 选择控制元件

（1）确定控制元件类型：根据表 6 – 1 比较而定。

表 6 – 1　几种控制元件选用比较表

控制方式 比较项目	电磁气阀控制	气控气阀控制	气控逻辑元件控制	气控射流元件控制
安全可靠性	较好 （交流的易烧线圈）	较好	较好	一般
恶劣环境适应性 （易燃、易爆、潮湿等）	较差	较好	较好	好 （抗冲击、抗振动）
气源净化要求	一般	一般	一般	高
远距离控制性、速度传递	好，快	一般	一般	较好
控制元件体积	中等	大	较小	小

比较项目 \ 控制方式	电磁气阀控制	气控气阀控制	气控逻辑元件控制	气控射流元件控制
元件无功耗气量	很小	很小	小	大
元件带负载能力	高	高	较高	有限
价格	稍贵	一般	便宜	便宜

（2）确定控制元件的直径：一般控制阀的直径可按控制阀的工作压力与最大流量确定。查表 6-2 可初步确定控制阀的直径，应使所选的控制阀直径尽量一致，以便配管。逻辑元件和射流元件的类型选定后，其直径也就选定了（通常逻辑元件为 $\phi3$ mm，个别为 $\phi1$ mm；射流元件为 $\phi0.5\sim1$ mm）。对于减压阀或定值器的选择，还必须考虑压力调整范围，确定其不同的规格。

表 6-2　标准控制阀各直径对应的额定流量（流速在 15～25 m/s 范围内）

公称直径/mm	$\phi3$	$\phi6$	$\phi8$	$\phi10$	$\phi15$	$\phi20$	$\phi25$	$\phi32$	$\phi40$	$\phi50$
10^{-3} $m^3 \cdot s^{-1}$	0.194 4	0.694 4	1.388 9	1.944 4	2.777 8	5.555 5	8.333 3	13.889	19.444	27.778
$m^3 \cdot h^{-1}$	0.7	2.5	5	7	10	20	30	50	70	100
$L \cdot min^{-1}$	11.66	41.67	83.34	116.67	166.68	213.36	500	833.4	1 166.7	1 666.8

5. 选择气动辅助元件

（1）选择过滤器、油雾器、储气罐、干燥器、消声器等元件的形式及容量。

（2）确定管径、管长及管接头的形式。

（3）验算各种压力损失。

6. 确定空压机的容量及台数

根据执行元件的耗气量，确定空压机的容量及台数。

二、设计时应考虑的安全问题

1. 突然停电或突然发生故障时的安全要求

在控制系统突然发生故障或者设备突然断电时，必须保证不会影响操作人员的生命安全。配有多个气缸的气动设备必须有一个紧急按钮开关作为保护措施。同时，可根据设备设计和操作的特点，决定是否采取下列紧急停止措施。

（1）切断电源，使设备处于无压状态。

（2）使所有工作气缸回到初始状态。

（3）使所有气缸安全地停在现有的运动位置上。

2. 气动夹紧装置的安全要求

当气动设备中有夹紧装置时，应当在夹紧装置完全夹紧后，才能允许驱动装置工作，这可以通过采用压力传感器或压力顺序阀来检测夹紧状态而实现。

工件夹紧工作时，不能因为供气系统的故障而造成夹紧装置松开。解决的方法可以通过压缩空气储气罐及控制回路内部自锁来实现。

在设计和安装气缸夹紧装置的控制系统时，必须保证避免操作失误，这可以通过在手动开关上加保护盖及控制线路内部互锁来实现。

3. 对环境影响的要求

油雾是由通过空压机或空气调理组引进的润滑油所产生的，系统向外排气时，油雾随压缩空气排入大气。蒸气状的油雾常常可以在室内停留很长一段时间，人体吸入后是有害的。对于有大气量气动马达和设备上装有大口径气缸的系统来说，环境污染尤其严重，应当采取有效措施，尽量减少排入大气的油雾含量。

4. 对排气噪声的控制要求

必须采取措施控制过大的排气噪声。降低排气噪声可以采用安装排气消声器或节流消声器。采用节流消声器时，可以调节流体阻力，以此来控制气缸的运动速度。降低排气噪声的另外一种办法是安装一些支管，将其接到驱动阀门的排气口，然后通过一个大的公共消声器排气。

三、单缸基本回路设计

1. 气缸的直接控制

对单作用或双作用气缸的简单控制可采用直接控制信号。直接控制用于驱动气缸所需气流相对较小的场合，控制阀的尺寸及所需操作力也较小。如果控制阀太大，则对直接手动操作来说，所需的操作力也可能太大。

图 6－60 所示为单作用气缸的直接控制。当按下按钮时，一个直径为 25 mm 的单作用气缸夹紧一个工件。只要一直按着按钮，单作用气缸就始终处于夹紧状态。如果释放按钮，则单作用气缸松开工作。

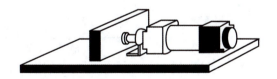

图 6－60　单作用气缸的直接控制

单作用气缸的控制阀是二位三通阀。因为气缸容量小、耗费的压缩空气少，因此可利用一个按钮式带弹簧复位的二位三通方向控制阀直接控制，如图 6－61 所示。

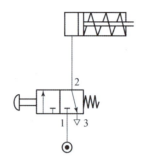

图 6 – 61　单作用气缸的直接控制回路

2. 气缸的间接控制

对高速或大口径的气缸来说，所需气流的大小决定了应采用的控制阀的尺寸。如果要求驱动阀的操作力较大，则采用间接控制比较合适。当气缸运动速度较大，需要一个不用直接操作的大直径阀时，也属于同样的情况。这时控制元件要求直径大、流量大，要用控制端的压缩空气来克服阀的开启阻力，这就是间接控制。连接管道可以短些，因为控制阀可以靠近气缸安装；信号元件（即按钮式二位三通阀）的尺寸也可以小些，因为它仅提供一个操作控制阀的信号，无须直接驱动气缸，这个信号元件应尺寸小且开关时间短。

当按钮动作时，一个大口径单作用气缸伸出，按钮式二位三通阀安装可在远处，故这时应当采用间接控制方式来驱动气缸。一旦松开按钮，气缸返回。

在初始位置时（见图 6 – 62），单作用气缸活塞杆缩回，且由于弹簧复位，控制阀 1.1 处于未动作的位置。按钮式二位三通阀处于弹簧复位的位置，使 2（A）接口与大气接通。故只有两个二位三通阀的 1（P）管道内有压力。按下控制阀 1.2，2（A）有气→1.1 有气，控制阀 1.1 换位，气缸活塞杆伸出。控制阀可以靠近气缸安装，控制大口径气缸时，其尺寸也较大。而按钮式二位三通阀的尺寸可以很小，且可安装在较远的地方。

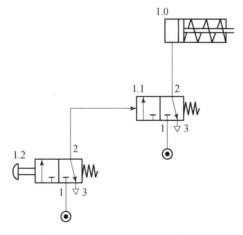

图 6 – 62　单作用气缸的间接控制

四、缸阀单元设计

1. 缸阀单元的组成

缸阀单元的组成如图 6 – 63 所示，一套缸阀单元由一个缸，两个行程阀，一个二位四通或五通的双气控换向阀组成。双气控换向阀控制缸的运动方向，行程阀一方面起限制缸行程的作用；另一方面，当行程阀被压下时发出信号，控制执行元件的下一个动作。

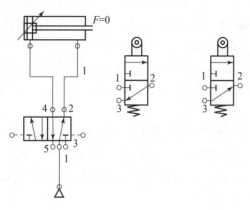

图 6 – 63　缸阀单元的组成

一个行程是指缸从一个行程阀运动到另一个行程阀所走过的距离。一个往复是指缸来回运动一次。

2. 缸阀单元的作用

一个气动行程程序控制系统可能较复杂，但复杂的气动系统也都是由一些简单的回路构成的。缸阀单元就是构成气动行程程序控制系统最基本的回路。掌握缸阀单元的组成，是气动行程程序控制系统回路设计和系统分析的基础。

五、符号绘制规则

缸阀单元的图形符号如图 6 – 64 所示。

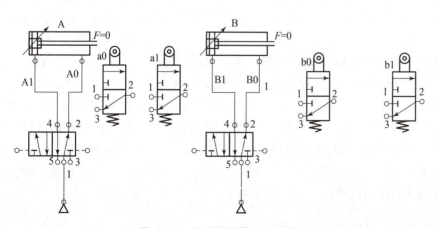

图 6 – 64　缸阀单元的图形符号

（1）用大写的英文字母 A，B，C 等表示不同的气缸。其中带标号 1 的表示缸的无杆腔进气，带标号 0 的表示缸的有杆腔进气。如 A1 表示缸 A 的无杆腔进气，注意，这时缸 A 有两种状态，一种是缸 A 的活塞杆做伸出运动；另一种是缸 A 的活塞杆伸出后处于停止的位置，称为前停。A0 表示缸 A 的有杆腔进气，这时缸 A 也有两种状态，一种是缸 A 的活塞杆做缩回运动；另一种是缸 A 的活塞杆缩回后处于停止的位置，称为后停。

（2）用小写英文字母 a，b，c 等表示同名气缸所带的行程阀。其中带标号 1 的表示同名缸的伸出限位行程阀，带标号 0 的表示同名缸的缩回限位行程阀。如 a1 表示缸 A 的伸出限位行程阀，同时还表示缸 A 伸出限位行程阀被压下之后所发出来的信号；a0 表示缸 A 的缩回限位行程阀，同时还表示缸 A 缩回限位行程阀被压下之后所发出来的信号。也就是说，同一个符号既表示行程阀的名称，又表示该行程阀被压下之后所发出来的控制信号。

（3）右上角带"＊"的信号称为执行信号，如 a1＊、b1＊、c1＊等。执行信号就是经过逻辑处理而消除了障碍的信号，也就是能直接指挥下一个动作的信号。不带"＊"的信号称为原始信号，如 a1、b1、c1 等，原始信号就是由行程阀等直接发出来的信号，也就是没有经过逻辑处理的信号。

（4）用 q 表示启动阀，同时用 q 表示当启动阀压下之后发出来的启动信号。

（5）根据行程程序控制的特点，A1 运动到位后发出的信号就是 a1，B1 运动到位后发出的信号就是 b1，C1 运动到位后发出的信号就是 c1，A0 运动到位后发出的信号就是 a0。由此可见，同名同标号的大写英文字母所表示的缸运动到位后所发出的信号用同名同标号的小写英文字母表示。

（6）节拍。节拍用于表示某个执行元件完成某个动作所需要的时间。一个缸有 4 种不同的状态，即伸出→前停→缩回→后停。每个状态所占用的时间为一个节拍，所以一个缸做一次往复运动需要 4 个节拍的时间。

在多缸控制的回路中，所有的缸往复运动一次需要几个节拍是由程序来决定的。值得注意的是：在某个节拍中出现的大写英文字母，表示这个缸在这个节拍中一定处于运动之中；而没有在这个节拍中出现的大写英文字母所表示的其他缸，则一定是处于停止状态，要么处于前停，要么处于后停。对具体的缸要进行具体的分析。

例如，两个气缸 A、B 被用来从料仓到滑槽传递工件。按下按钮，气缸 A 活塞杆伸出，将工件从料仓推到气缸 B 前面的位置，等待气缸 B 将其推入输送滑槽。工件被传递到位后，缸 A 活塞杆缩回，然后缸 B 活塞杆缩回。在这个系统中，A、B 两个缸共有 4 个节拍的循环时间。第一节拍：气缸 A 活塞杆伸出，此时气缸 B 活塞杆处于后停的位置；第二节拍：气缸 B 活塞杆伸出，此时气缸 A 处于前停的位置；第三节拍：气缸 A 活塞杆缩回，此时气缸 B 处于前停的位置；第四节拍：气缸 B 活塞杆缩回，此时气缸 A 处于后停的位置。

六、位移步骤图的绘制

绘制位移步骤图时，上部绘制执行元件的动作过程，下部绘制行程阀信号。用两横线表示气缸的两个极端位置（0，1），用几条纵线表示工作的几个系统状态（1，2，3，…）。用粗实线表示各状态间的转换过程。另外，用两直线表示行程阀的通断，用小圆圈"○"表示各传感元件的触发信号。

上述料仓系统位移步骤图如图 6-65 所示。

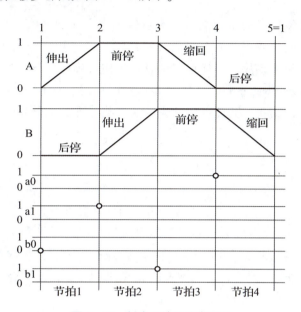

图 6-65　料仓系统位移步骤图

七、气动原理图的绘制

（1）先绘制系统中所有的缸阀单元。

（2）根据系统的动作要求连线（若有障碍，则要先消除障碍）。

上述料仓系统气动原理图如图 6-66 所示。

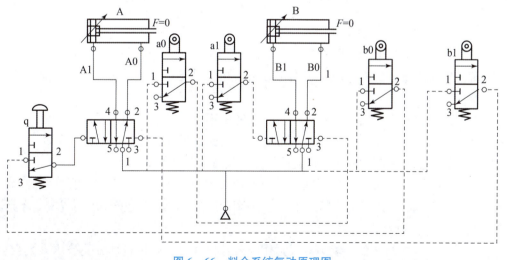

图 6-66　料仓系统气动原理图

子任务二 气动系统的安装和维护

任务引入

气动系统的安装是气动系统能否正常运行的一个重要环节。气动系统安装工艺不合格，甚至出现安装错误，将会造成气动系统无法应用，会给生产带来巨大的经济损失，还会造成重大事故。同样在气动设备的使用中，如果不注意维护保养工作，则可能会频繁发生故障或过早损坏气动元件，气动设备的使用寿命也会大大降低，从而造成巨大的经济损失。因此，气动系统的安装和维护是十分重要的工作。

任务分析

气动系统作为一种生产设备，它首先要保证运行可靠、布局合理、安装工艺正确、维修检测方便；当气动系统正常运行后，还必须认真做好维护保养工作。本子任务主要介绍气动系统安装与调试的注意事项，气动控制系统的维护和常见故障及其排除方法等方面的知识。学生通过相关知识的学习和技能的训练，应掌握各类气动元件安装的注意事项；具有进行气动系统日常维护和定期维护方面的基本技能；初步掌握气动系统常见故障的类型和排除方法。

任务实施

一、气动系统的安装与调试

气动系统工作是否稳定可靠关键在于气动元件的正确选择及安装。气动系统必须经常检查维护，才能及时发现气动元件及系统的故障先兆，并进行处理，保证气动元件及系统正常工作，延长其使用寿命。

1. 管路系统的安装

首先按气动系统工作原理图绘制管路系统安装图，各个系统的安装图要单独绘制。在安装图中应绘出在机体上的安装固定方法，并注明连接管、其他部件、标准件的代号和型号。

在管路安装前要仔细检查各连接管。硬管中不能有切屑、锈皮及其他杂物，否则要清洗后才能安装。连接管外表面及两端接头应完好无损，加工后的几何形状要符合要求，经检查合格后须吹风处理。连接管在安装时要注意如下问题。

（1）连接管扩口部分的中心线必须与管接头的中心线重合；否则，当外套螺母拧紧时，扩口部分的一边过度压紧，而另一边则压不紧，导致产生安装应力或密封不严，如图 6-67（a）所示。

（2）螺纹连接接头的拧紧力矩要适中。若拧得太紧，则扩口部分受挤压太大会损坏；若拧得不够紧，则会影响密封性。

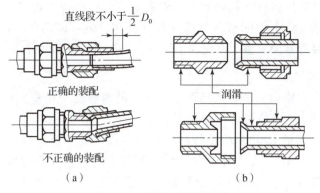

直线段不小于 $\frac{1}{2}D_0$

正确的装配

不正确的装配

润滑

（a）

（b）

图 6 – 67　管路系统的安装

（3）连接前平管嘴表面和螺纹应涂密封胶或黄油。为防止它们进入导管，螺纹前端 2~3 扣处不涂或拧入 2~3 扣后涂（见图 6 – 67（b））。如用密封带，则应在螺纹前端 2~3 扣后再卷绕。

（4）使用软管连接时，因软管的抗弯曲刚度小，在软管接头的接触区内产生的摩擦力又不足以消除接头的转动，在安装后就有可能出现软管的扭曲变形，所以软管连接后要检查其是否产生扭曲变形。检查方法是在安装前给软管表面涂一条纵向色带，安装后以色带判断软管是否被扭曲。防止软管被扭曲的方法是在最后拧紧外套螺母以前，将软管接头向拧紧外套螺母相反的方向转动 1/8 ~ 1/6 圈。

软管在使用过程中不允许急剧弯曲，通常弯曲半径一般应大于其外径的 9 ~ 10 倍。为防止软管挠性部分的过度弯曲和在自重作用下发生变形，往往要采用能防止软管过度弯曲的接头。

（5）硬管弯曲半径一般应不小于管子外径的 2.5 ~ 3 倍。在管子弯曲过程中，为避免管子圆截面产生的变形过大，常在管子内部装入填充剂后，再进行弯曲。

（6）使用焊接式管接头与管子连接时，为保证焊缝质量，零件上应开焊缝坡口，焊缝部位要清理干净（除去氧化皮、油污、镀锌层等）。焊接管的装配间隙最好保持在 0.5 mm 左右。应尽量采用平焊，焊接时可以边焊边转动，一次焊完整条焊缝。

（7）连接管的布局要合理。一般来说，管路越短越好，弯曲部分越少越好，并要避免急转弯。短软管只允许做平面弯曲，长软管可以做复合弯曲。

2. 管路系统的检查

管路系统安装完毕后要进行检查。一般检查项目有以下几条。

（1）对连接管、管接头、紧固件进行全面、直观的检查，检查其是否有划伤、碰伤、压扁及严重磨损等现象。

（2）检查软管有无严重扭曲、损伤及急剧弯曲的情况。在外套螺母拧紧的情况下，若软管接头处用手能拧动，则应重新紧固安装。

（3）对扩口连接的管道，应检查是否对连接管外表面有超过允许限度的挤压。

（4）管路系统内部清洁度的检查方法是用洁净的细白布擦拭连接管的内壁或让吹出的风通过细白布，观察细白布上有无灰尘或其他杂物，以此来判别系统内部的清洁程度。

气动系统安装后应进行吹风处理，以除去安装过程中带入管路系统内部的灰尘及其他杂质。吹风前应将系统的部分气动元件（如单向阀、减压阀、电磁阀、气缸等）用工艺附件或连接管替换。整个系统吹干净后，再把上述气动元件还原安装。

3. 管路系统的调试

管路系统清洗完毕后，即可进行调试。调试的内容之一是密封性试验。调试前要熟悉管路系统的功用及工作性能指标和调试方法。

密封性试验的目的在于检查管路系统全部连接点的外部密封性。密封性试验前管路系统要全部连接好。试验用压力源可采用高压气瓶，气瓶的输出气体压力不低于试验压力，一般用皂液涂覆法检查管路系统密封性。当发现有外部泄漏时，必须将压力降到零，方可拧动外套螺母或进行其他的拆卸及调整工作。如果没有发现外部泄漏，则系统应保压 2 h。密封性试验完毕后，随即转入工作性能试验。这时管路系统具有明确的被测试对象，重点检查被测试对象或传动控制对象的输出工作参数。

二、控制元件的安装

1. 减压阀的安装

减压阀必须安装在靠近其后部需要减压的系统处，其安装部位应保证方便操作，压力表应便于观察。减压阀要垂直安装，根据减压阀的具体结构和安装位置，决定其调压手柄朝上还是朝下安装。减压阀不用时应旋松调压手柄，以免膜片长期受压引起塑性变形，而缩短减压阀的使用寿命。减压阀的安装方向不能搞错，阀体上的箭头即气体的流动方向。在环境恶劣、粉尘多的场合，需要在减压阀之前安装过滤器。油雾器必须安装在减压阀的后面。由外部先导式减压阀构成遥控调压系统时，为避免信号损失及滞后，其遥控管路最长不得超过 30 m；精密减压阀的遥控距离不得超过 10 m。

2. 顺序阀的安装

顺序阀的安装位置要便于操作。在有些不便于安装机控行程阀的场合，可安装单向顺序阀。

3. 电磁换向阀的安装

要先检查电磁换向阀是否与选型参数一致，如电源电压、介质压力、压力差等。电源电压应满足额定电压波动范围：交流 $-15\% \sim +10\%$，直流 $-10\% \sim +10\%$。

一般电磁换向阀的电磁线圈组件应竖直向上，安装在水平于地面的管道。如果受空间限制或工况要求必须侧立安装，则需在选型订货时提出，否则可能造成电磁换向阀不能正常工作。平时电磁线圈组件不宜拆开。

电磁换向阀一般是定向的，不可装反，通常在阀体上有箭头指出介质流动方向，安装时要依照箭头指示的方向安装。不过在真空管路或特殊情况下可以反装。

4. 人工操作阀的安装

人工操作阀应安装在便于操作的地方，操作力不宜过大。脚踏阀的踏板位置不宜太高，行程不能太长，脚踏板上应有防护罩。在有剧烈振动的场合，为安全起见，人工控制阀应附加锁紧装置。

5. 机控阀的安装

机控阀操纵时其压下量不允许超过规定行程。用凸轮操纵滚子或杆件时，应使凸轮具有合适的接触角度。操纵滚子时，$\theta \leqslant 15°$；操纵杠杆时，$\theta \leqslant 10°$（见图6-68）。

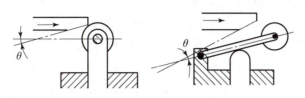

图6-68 操纵滚子、杠杆时的凸轮接触角度

机控阀的安装板上应加工腰形安装长孔，以便能调整机控阀的安装位置。

6. 流量阀的安装

用流量阀控制执行元件的运动速度时，原则上流量阀应装在气缸接管口附近。排气节流阀只能安装在排气口处。

三、气动系统的维护

一台气动设备如果不注意做好维护和保养工作，那么气动元件会过早损坏，系统就会频繁发生故障，气动设备的使用寿命就会大大降低。如果能对气动设备进行定期的维护保养，针对发现的事故苗头，及时采取措施，就能有效减少和防止事故的发生，延长气动元件和系统的使用寿命。因此，设备使用人员应严格执行制订的设备维护和保养制度。

维护保养工作的中心任务是保证供给气动系统清洁干燥的压缩空气，保证气动系统的气密性，保证需油雾润滑的元件能得到良好的润滑，保证气动元件和系统能在规定的条件（如压力、流量、电压等）下工作。

气动系统的维护可分为日常维护和定期维护。

1. 气动系统的日常维护

气动系统日常维护的主要内容是冷凝水和系统润滑油的管理。

冷凝水的排放涉及整个气动系统，主要有空压机、后冷却器、储气罐、管路系统、空气过滤器、干燥器和自动排水器等元件。在系统工作过程中，要定时按规定进行点检。在系统停止工作后，应将各处冷凝水排放掉，以防止在气温低于0 ℃时冷凝水结冰。由于夜间管道内温度继续下降，会进一步析出冷凝水，因此气动系统在每天启动前，应将冷凝水排出。同时要查看自动排水器是否工作正常，水杯内是否存水过量。

气动系统中从控制元件到执行元件，凡是有相对运动的表面都需要润滑。如果对这些元件润滑不当，则会使摩擦阻力增大，而导致元件动作不良，使元件相对运动表面磨损加剧从而缩短元件的使用寿命，进而产生系统泄漏等危害。

润滑油的性质直接影响润滑效果。通常在高温环境下用高黏度的润滑油，低温环境下用低黏度的润滑油。在气动系统正常工作时，应检查油雾器的滴油量是否符合要求，一般以每 10 m³ 自由空气供给 1 mL 的油量为基准，同时要观察油杯中润滑油的颜色是否正常（油中是否混入灰尘和水分等杂质）。

2. 气动系统的定期维护

气动系统定期维护的时间间隔通常为 3 个月，其主要内容如下。

（1）查明系统各泄漏处，并设法予以解决。

（2）通过对方向控制阀排气口的检查，判断润滑油油量是否适度，空气中是否有冷凝水。如果润滑不良，则应考虑油雾器规格是否合适，安装位置是否恰当，滴油量是否正常等。如果有大量的冷凝水排出，则应考虑过滤器的安装位置是否恰当，排出冷凝水的装置是否合适，冷凝水排出是否彻底。如果当方向控制阀排气口关闭时，仍有少量气体泄漏，则往往是元件的初期磨损阶段，检查后可更换受磨损的元件，以防止发生误动作。

（3）安全阀、紧急开关阀等元件，平时很少使用，定期维护时，必须确认它们动作的可靠性。

（4）反复切换换向阀，观察换向阀的动作是否可靠。根据换向时声音是否异常，判定铁芯和衔铁配合处是否有杂质，铁芯和衔铁是否损坏等。

（5）反复开关换向阀，观察气缸的动作情况，根据有无漏气情况，可判断活塞杆与缸盖内的导向套、密封件的接触情况、压缩空气的处理质量、气缸是否存在径向载荷等。因气缸活塞杆常露在外面，定期维护时要观察活塞杆是否有划伤、腐蚀和偏磨等情况。

在进行定期维护工作时，应注意劳动保护，员工间相互协调配合，及时做好记录，以便为今后设备出现故障时查找原因和设备大修作参考。

四、气动系统的维修

各种气动元件通常都给出了耐久性指标，可以大致估算出某气动系统在正常条件下的使用时间。例如，电磁阀的耐久性一般为 1 000 万次，气缸的耐久性为 3 000 km，若气缸行程为 200 mm，阀控缸的切换频率为 3 次/min，每天工作 20 h，每年按 250 个工作日计算，则电磁换向阀可以使用 11 年，气缸只能使用 8 年。故该阀控缸系统的使用寿命为 8 年。由于许多因素没有考虑，因此，这是最长使用寿命估算法。元件中橡胶件的老化、金属件的锈蚀、气源处理质量的好坏、日常维护工作是否完善，都直接影响气动系统的使用寿命。

气动系统中各类元件的使用寿命差别很大，如换向阀、气缸这类有相对运动的元件，其使用寿命较短；而许多辅助元件，由于可动部件较少，因此相对来说使用寿命就要长一些；各种过滤器的使用寿命，主要取决于滤芯的使用寿命，这与气源处理后空气的质量关系很大。另外，对急停开关阀这种不经常动作的元件，要保证其动作的可靠性，就必须定期进行维护。因此，气动系统的维修周期要根据系统的使用频度、气动设备的重要性和日常维护、定期维护等情况来确定，一般是每年大修一次。

在维修之前，应根据设备使用说明书和相关资料预先了解各元件的作用和工作原理。必要时，应参考维修手册。在拆卸前，应预先估计哪一部分问题较多。

维修时，对日常工作中经常出现问题的地方要彻底解决。对经常出现问题的元件和接近使用寿命的元件，宜按原样换成新元件。对于元件仅是内部少量零件损伤的，如密封圈、弹簧等，为了节省费用，可只更换损坏零件。

拆卸前必须切断电源和气源，确认压缩空气已全部排出后方能拆卸。需要注意的是，仅关闭截止阀，系统中不一定已无压缩空气，可能有部分压缩空气被堵截在某个部位，所以必须认真分析，检查各部位，并设法将余压排尽。具体可控制电磁先导阀的手动调节杆进行排气，观察压力表是否回零。同时应清扫元件和装置上的灰尘，保持环境清洁。

拆卸时，要慢慢松动每个螺钉，以防元件或管道内有残压。拆卸应以组件为单位进行，一边拆卸，一边逐个检查零件是否正常，并将零件按装配顺序排列，并注意零件的安装方向，以便以后装配。对有相对滑动部分的零件，尤其要认真检查。要仔细检查节流孔、喷嘴和滤芯的堵塞情况。要注意观察各处密封圈和密封垫的磨损、损伤和变形情况。

拆下来准备再用的零件，应放在清洗液中清洗。不得用汽油等有机溶剂清洗橡胶件、塑料件，可以使用优质煤油清洗。

零件清洗后，不能用棉丝、化纤品擦干，应用干燥清洁空气吹干，并涂上润滑脂，以组件为单位进行装配。注意不要漏装密封件，安装密封件时应注意：有方向性的密封圈不得装反，密封圈不得装扭。为便于安装，可在密封圈上涂覆润滑脂。要保持密封件清洁，防止棉丝、纤维、切屑末、灰尘等附着在密封件上。安装时，应防止沟槽的棱角处、横孔处碰伤密封件。与密封件接触的配合面不能有毛边，棱角应倒圆。橡胶材料的密封件不要过度拉伸，以免产生永久变形。在安装带密封圈的部件时，应注意不要碰伤密封圈。如果密封圈要通过螺纹部分，则可在螺纹上卷上薄膜或使用插入用工具。活塞插入缸体内壁时，孔端部应倒角 $15°\sim30°$。

装配时注意不要将零件装反。螺钉拧紧力矩要均匀，力矩大小应合理。

更换的零件必须保证质量。锈蚀、损伤、老化的元件不得再用。必须根据使用环境和工作条件来选择密封件，以保证元件的气密性，使元件能稳定地进行工作。

配管时，应注意不要将灰尘、密封材料碎片等异物带入管路系统内。

装配好的元件要进行通气试验。缓慢升压到规定压力，并保证升压直至规定压力的过程中都不漏气。

部分元件检修后要试验其动作情况。例如，气缸试验，开始将其缓冲装置的节流部分调节到最小，然后调节速度控制阀使气缸以非常慢的速度移动，逐渐打开节流阀，使气缸达到规定速度。这样便可检查气阀、气缸的装配质量是否达到要求。若气缸在最低工作压力下动作不灵活，则必须仔细检查安装情况。

五、气动系统的常见故障及排除方法

通常一个新设计安装的气动系统调整好以后，在一段时间内较少出现故障，几周或几个月内都不会出现过早磨损的情况，正常磨损一般要在使用几年后才会出现。气动系统和气动元件的常见故障及排除方法见表 6-3～表 6-9。

表 6 - 3　气动系统的常见故障及排除方法

故障	原因	排除方法
元件和管道阻塞	压缩空气质量不好，水气、油雾含量过高	检查过滤器、干燥器，调节油雾器的滴油量
元件失压或产生误动作	元件安装和管道连接不符合要求	合理安装元件与管道，尽量缩短信号元件与主控阀的距离
气缸出现短时输出力下降	供气系统压力下降	检查管道是否泄漏、管道连接处是否松动
滑阀动作失灵或流量阀排气口堵塞	管道内存在铁锈、杂质，使阀座被粘连或堵塞	清理管道内杂质或更换管道
元件表面有锈蚀或阀门元件严重堵塞	压缩空气中凝结水含量过多	检查、清洗过滤器、干燥器
活塞杆运动速度不正常	由于辅助元件的动作引起系统压力下降，压缩空气中含水量过高，使气缸内润滑不良	提高空压机供气量或检查管道是否泄漏、阻塞；检查冷却器、干燥器、油雾器工作是否正常
气缸的密封件磨损过快	气缸安装时轴向配合不好，使缸体和活塞杆上产生支承应力	调整气缸安装位置或加装可调支承架
系统停用几天后，重新启动时，润滑部件动作不畅	润滑油结胶	检查、清洗油水分离器或调小油雾器的滴油量

表 6 - 4　减压阀的常见故障及排除方法

故障	原因	排除方法
二次压力升高	阀弹簧损伤	更换阀弹簧
	阀座有伤痕或阀座橡胶剥离	更换阀体
	阀体中混入灰尘，阀导向部分黏附异物	清洗、检查过滤器
	阀芯导向部分和阀体的 O 形密封圈收缩、膨胀	更换 O 形密封圈
压降很大（流量不足）	阀直径小	更换直径大的减压阀
	阀下部积存冷凝水，阀内混入异物	清洗、检查过滤器
向外漏气（阀的溢流孔处泄漏）	溢流阀阀座有伤痕（溢流式）	更换溢流阀阀座
	膜片破裂	更换膜片
阀体泄漏	密封件损伤	更换密封件
	弹簧松弛	张紧或更换弹簧

学习笔记

故障	原因	排除方法
异常振动	弹簧的弹力减弱或弹簧错位	把弹簧调整到正常位置，更换弹力减弱的弹簧
	阀体的中心、阀杆的中心错位	检查并调整位置偏差
	因空气消耗量周期变化使阀不断开启、关闭，与减压阀引起共振	和制造厂协商，更换元件

表 6 - 5　溢流阀的常见故障及排除方法

故障	原因	排除方法
压力虽已上升，但不溢流	阀内部的孔堵塞	清洗阀
	阀芯导向部分进入异物	
压力虽没有超过设定值，但在二次侧溢出空气	阀内进入异物	清洗阀
	阀座损伤	更换阀座
	调压弹簧损坏	更换调压弹簧
溢流时发生振动（主要发生在膜片式阀，其启闭压力差较小）	压力上升速度慢，阀放出流量多，引起阀振动	二次侧安装针阀，微调溢流量，使其与压力上升量相匹配
从阀体和阀盖向外漏气	膜片破裂（膜片式）	更换膜片
	密封件损伤	更换密封件

表 6 - 6　方向阀的常见故障及排除方法

故障	原因	排除方法
不能换向	阀的滑动阻力大，润滑不良	进行润滑
	O 形密封圈变形	更换 O 形密封圈
	杂质卡住滑动部分	清除杂质
	弹簧损坏	更换弹簧
	阀操纵力小	检查阀操纵部分
	膜片破裂	更换膜片
阀产生振动	空气压力低(先导式)	提高操纵压力，采用直动式
	电源电压低（电磁阀）	提高电源电压，并使用低电压线圈

故障	原因	排除方法
交流电磁铁有蜂鸣声	T形活动铁芯密封不良	检查T形活动铁芯接触和密封性，必要时更换T形活动铁芯组件
	杂质进入T形活动铁芯的滑动部分，使T形活动铁芯不能密切接触	清除杂质
	T形活动铁芯的铆钉脱落，铁芯叠层分开不能吸合	更换T形活动铁芯
	短路环损坏	更换固定铁芯
	电源电压低	提高电源电压
线圈烧毁	环境温度高	在产品规定温度范围内使用
	快速循环使用	更换高性能电磁阀
	因为吸引时电流大，单位时间耗电多，温度升高，使绝缘损坏而短路	使用气动逻辑回路
	杂质夹在阀和T形活动铁芯之间，不能吸引T形活动铁芯	清除杂质
	线圈上有残余电压	使用正常电源电压，使用符合电压的线圈
切断电源，T形活动铁芯不能退回	杂质夹入T形活动铁芯活动部分	清除杂质

表 6 - 7　气缸的常见故障及排除方法

故障	原因	排除方法
外泄漏： 活塞杆与密封衬套间漏气； 气缸体与缸盖间漏气； 从缓冲装置的调节螺钉处漏气	衬套密封圈磨损，润滑油不足	更换衬套密封圈，加强润滑
	活塞杆偏心	重新安装，使活塞杆不受偏心载荷
	活塞杆有伤痕	更换活塞杆
	活塞杆与密封衬套配合面内有杂质	除去杂质、安装防尘盖
	密封圈损坏	更换密封圈

学习笔记

故障	原因	排除方法
内泄漏： 活塞两端串气	活塞密封圈损坏	更换活塞密封圈
	润滑不良，活塞被卡住	重新润滑
	活塞配合面有缺陷，杂质挤入密封圈	缺陷严重的活塞配合面，更换零件，除去杂质
输出力不足，动作不平稳	润滑不良	调节或更换油雾器
	活塞或活塞杆卡住	检查安装情况，消除偏心
	气缸体内表面有锈蚀或缺陷	视缺陷大小决定排除故障办法
	进入了冷凝水、杂质	加强对空气过滤器和分水排水器的管理，定期排放污水
缓冲效果不好	缓冲部分的密封圈密封性能差	更换密封圈
	调节螺钉损坏	更换调节螺钉
	气缸速度太快	检查缓冲机构的结构是否合适
损伤： 活塞杆折断； 缸盖损坏	有偏心载荷	调整安装位置，消除偏心
	摆动气缸安装轴销的摆动面与载荷摆动面不一致	确定合理的摆动角度
	有冲击装置的冲击力加到了活塞杆上，使活塞杆承受负荷的冲击；气缸的速度太快	冲击不得加在活塞杆上，设置缓冲装置
	缓冲机构不起作用	在外部或回路中设置缓冲机构

表 6-8　空气过滤器的常见故障及排除方法

故障	原因	排除方法
压降过大	使用过细的滤芯	更换适当的滤芯
	过滤器的流量范围太小	更换流量范围大的过滤器
	流量超过过滤器的容量	更换大容量的过滤器
	过滤器滤芯网眼堵塞	用洗涤剂清洗（必要时更换）滤芯
从输出端溢出冷凝水	未及时排出冷凝水	养成定期排水的习惯或安装自动排水器
	自动排水器发生故障	修理（必要时更换）自动排水器
	超过过滤器的流量范围	在适当流量范围内使用或者更换容量大的过滤器
输出端出现异物	过滤器滤芯损坏	更换滤芯
	滤芯密封不严	更换滤芯的密封件，紧固滤芯
	用有机溶剂清洗塑料件	故用清洁的热水或煤油清洗塑料件

续表

故障	原因	排除方法
塑料水杯破损	在有机溶剂的环境中使用	使用不受有机溶剂浸蚀的材料（如使用金属杯）
	空压机输出某种焦油	更换空压机的润滑油，或使用无油空压机
	空压机从空气中吸入对塑料有害的物质	使用金属杯
漏气	密封不良	更换密封圈
	因物理（冲击）、化学原因，使塑料水杯产生裂痕	参看塑料水杯破损栏
	泄水阀、自动排水器失灵	修理（必要时更换）泄水阀、自动排水器

表 6 – 9　油雾器的常见故障及排除方法

故障	原因	排除方法
油不能滴下	没有产生油滴下落所需的压力差	加上文氏管或换成小的油雾器
	油雾器方向安装错误	改变油雾器安装方向
	油道堵塞	拆卸油管，进行修理
	油杯未加压	因通往油杯的空气通道堵塞，需拆卸修理
油滴数不能减少	油量调整螺钉失效	检修油量调整螺钉
空气外向泄漏	油杯破损	更换油杯
	密封不良	检修密封
	观察玻璃破损	更换观察玻璃

任务小结

（1）气动系统的设计与液压系统的设计一样，包括确定方案、回路设计、元件选择、管道设计等相关内容。

（2）在设计气动系统时，要考虑突然停电或突然发生故障时的安全要求。如果气动设备中有夹紧装置，则当工件夹紧工作时，不能因为供气系统的故障而造成夹紧装置松开。

（3）行程程序控制是气动系统中广泛采用的一种控制方式。其优点是结构简单、动作稳定、维修容易。

（4）要使气动设备处于良好的工作状态，正确安装、调试、使用和维护，并及时排除故障是十分重要的。

（5）气动系统的使用与维护尤其要注意对冷凝水和系统润滑进行管理。

附录　常用液压与气动元件图形符号

（GB/T 786.1—2021）

基本符号、管路及连接见附表 1-1。

附表 1-1　基本符号、管路及连接

名称	符号	名称	符号
工作管路		管端连接于油箱底部	
控制管路		密闭式油箱	
连接管路		直接排气	
交叉管路		带连接排气	
柔性管路		带单向阀快换接头	
组合元件线		不带单向阀快换接头	
管口在液面以上的油箱		单通路旋转接头	
管口在液面以下的油箱		三通路旋转接头	

控制机构和控制方法见附表1-2。

附表1-2　控制机构和控制方法

名称	符号	名称	符号
按钮式人力控制		单向滚轮式机械控制	
手柄式人力控制		单作用电磁控制	
踏板式人力控制		双作用电磁控制	
顶杆式机械控制		电动机旋转控制	
弹簧控制		加压或泄压控制	
滚轮式机械控制		内部压力控制	
外部压力控制		电液先导控制	
气压先导控制		电气先导控制	
液压先导控制		液压先导泄压控制	
液压二级先导控制		电反馈控制	
气液先导控制		差动控制	

泵、马达和缸见附表1-3。

附表1-3 泵、马达和缸

名称	符号	名称	符号
单向定量液压泵		定量液压泵、马达	
双向定量液压泵		双向定量液压泵、马达	
单向变量液压泵		液压整体式传动装置	
双向变量液压泵		摆动马达	
单向定量马达		单作用伸缩液压缸	
双向定量马达		单作用伸缩液压缸	
单向变量马达		双作用单杆液压缸	
双向变量马达		双活塞杆液压缸	
单向缓冲缸		双作用伸缩液压缸	
双向缓冲缸		增压器	

控制元件见附表 1 – 4。

附表 1 – 4　控制元件

名称	符号	名称	符号
直动型溢流阀		溢流减压阀	
先导型溢流阀		先导型比例电磁式溢流阀	
先导型比例电磁溢流阀		定比减压阀	
卸荷溢流阀		定差减压阀	
双向溢流阀		直动型顺序阀	
直动型减压阀		先导型顺序阀	
先导型减压阀		单向顺序阀（平衡阀）	
直动型卸荷阀		集流阀	
制动阀		分流集流阀	
不可调节流阀		单向阀	

学习笔记

名称	符号	名称	符号
可调节流阀		液控单向阀	
可调单向节流阀		液压锁	
减速阀		或门型梭阀	
带消声器的节流阀		与门型梭阀	
调速阀		快速排气阀	
温度补偿调速阀		二位二通换向阀	
旁通型调速阀		二位三通换向阀	
单向调速阀		二位四通换向阀	
分流阀		二位五通换向阀	
三位四通换向阀		四通电液伺服阀	
三位五通换向阀			

辅助元件见附表 1-5。

附表 1-5 辅助元件

名称	符号	名称	符号
过滤器		储气罐	
磁芯过滤器		压力计	
污染指示过滤器		液面计	
分水排水器		温度计	
空气过滤器		流量计	
除油器		压力继电器	
空气干燥器		消声器	
油雾器		液压源	
气源调节装置		气压源	
冷却器		电动机	
加热器		原动机	
蓄能器		气液转换器	

参 考 文 献

[1] 袁广,张勤. 液压与气压传动技术[M]. 北京:北京大学出版社,2008.

[2] 腾文建. 液压与气压传动[M]. 北京:北京大学出版社,2010.

[3] 朱梅,宋志刚,朱光力. 液压与气动技术[M]. 6 版. 西安:西安电子科技大学出版社,2023.

[4] 雷天觉,杨尔庄,李寿刚. 新编液压工程手册[M]. 北京:北京理工大学出版社,1998.

[5] 陈榕林,张磊. 液压技术与应用[M]. 北京:电子工业出版社,2002.

[6] 张爱山,肖龙. 液压与气压传动[M]. 北京:清华大学出版社,2008.

[7] 左键民. 液压与气压传动[M]. 北京:机械工业出版社,1992.

[8] 汪功明,王辉,陆春元. 液压与气压传动[M]. 北京:人民邮电出版社,2011.

[9] 芮延年. 液压与气压传动[M]. 苏州:苏州大学出版社,2005.

[10] 吴卫荣,周曲珠,张立新. 液压技术[M]. 北京:中国轻工业出版社,2006.

[11] 孙涛,汪哲能,柳青. 液压与气动技术[M]. 长沙:中南大学出版社,2010.

[12] 刘延俊. 液压系统使用与维护[M]. 北京:化学工业出版社,2006.

[13] 孙淑梅,蔡群. 液压与气压传动[M]. 北京:北京理工大学出版社,2011.

[14] 肖珑. 液压与气压传动技术[M]. 西安:西安电子科技大学出版社,2007.

[15] 曹建东,龚肖新. 液压传动与气动技术[M]. 4 版. 北京:北京大学出版社,2022.

[16] 徐从清. 液压与气动技术[M]. 西安:西北工业大学出版社,2009.